陈铁山　主编

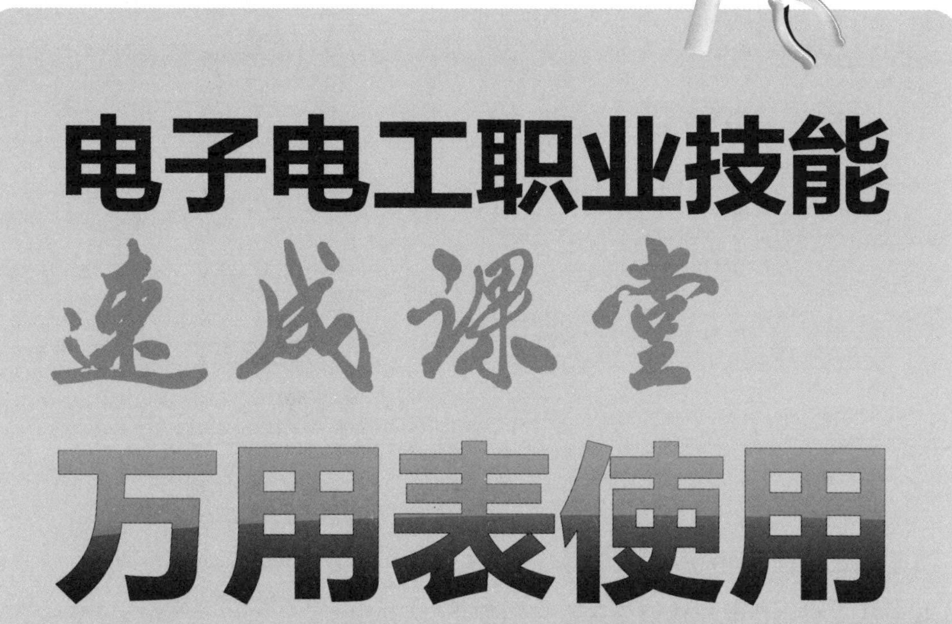

电子电工职业技能速成课堂 万用表使用

化学工业出版社

·北京·

本书以帮助读者熟练掌握万用表使用为目的，通过模拟课堂的形式，系统地讲解了万用表使用入门、万用表检测电子元器件、万用表检修家用电器、万用表检修电动自行车、万用表检修电动机、万用表检修电力电器、万用表检修电工线路等内容。书中还通过精选的万用表检修案例进一步介绍了在实际工作中的具体操作步骤、方法、技能、思路、技巧、实际检修及要点点拨，举一反三，帮助读者快速掌握万用表使用技能。

本书可供电工、电子技术人员、电器维修人员等学习，也可供职业院校、培训学校相关专业的师生参考。

图书在版编目（CIP）数据

电子电工职业技能速成课堂·万用表使用/陈铁山主编. —北京：化学工业出版社，2018.1
ISBN 978-7-122-30978-5

Ⅰ.①万… Ⅱ.①陈… Ⅲ.①复用电表-使用方法
Ⅳ.①TM938.107

中国版本图书馆CIP数据核字（2017）第276584号

责任编辑：李军亮　　文字编辑：陈　喆
责任校对：王　静　　装帧设计：刘丽华

出版发行：化学工业出版社（北京市东城区青年湖南街13号　邮政编码100011）
印　　刷：三河市航远印刷有限公司
装　　订：三河市瞰发装订厂
710mm×1000mm　1/16　印张12　字数237千字　2018年2月北京第1版第1次印刷

购书咨询：010-64518888（传真：010-64519686）　售后服务：010-64518899
网　　址：http://www.cip.com.cn
凡购买本书，如有缺损质量问题，本社销售中心负责调换。

定　　价：48.00元

前言
FOREWORD

在电子电工领域，万用表的使用非常普遍，在使用过程中如何更准确地检测出电气故障，是技术人员所必须要掌握的技能。使用万用表的技术人员存在人员数量不足和技术不够熟练的现状，针对这一现象，我们将实践经验与理论知识进行强化结合，以课堂的形式将课前预备知识、使用技能技巧、课内品牌专讲及专题训练、课后实操训练作为重点，将复杂的理论通俗化，将繁杂的检修明了化，建立起理论知识和实际应用之间的最直观的桥梁，让初学者快速入门和提高，弄通实操基础，掌握维修实操方法和技能。

本书具有以下特点：

课堂内外，强化训练；

直观识图，技能速成；

职业实训，要点点拨；

按图索骥，一看就会。

值得指出的是：由于生产厂家众多，各厂家资料中所给出的电路图形符号、文字符号等不尽相同，为了便于读者结合实物维修，本书未按国家标准完全统一，敬请读者谅解！

本书在编写过程中，张新德、张新春、刘淑华、张利平、陈金桂、刘晔、张云坤、王光玉、王娇、刘运和、陈秋玲、刘桂华、张美兰、周志英、刘玉华、张健梅、袁文初、张冬生、王灿等参加了部分内容的编写、翻译、排版、资料收集、整理和文字录入等工作，在此一并表示衷心感谢！

由于编者水平有限，书中不足之处在所难免，敬请广大读者批评指正。

编者

目录

CONTENTS

第一讲 / 职业化训练预备知识

课堂一　万用表的种类 / 002

一、 按表头的构成分类 …… 002
二、 按测量功能分类 …… 002

课堂二　万用表功能简介 / 003

一、 指针式万用表功能简介 …… 003
二、 便携式数字万用表功能简介 …… 003
三、 台式数字万用表功能简介 …… 004
四、 笔型数字万用表功能简介 …… 005

第二讲 / 职业化学习课前准备

课堂一　场地选用 / 008

一、 检测工作台的选用及注意事项 …… 008
（一）防静电检测工作台的搭建 …… 008
（二）防静电工具使用注意事项 …… 010
二、 检测场地的选用及注意事项 …… 011
（一）维修测试模块的选用及注意事项 …… 011
（二）焊接工具模块的选用及注意事项 …… 012
（三）维修电源模块的选用及注意事项 …… 012
（四）信号发生模块的选用及注意事项 …… 013

课堂二　准备与拆改 / 015

一、 万用表的选用 …… 015
（一）模拟万用表与数字万用表的比较 …… 015

（二）模拟万用表与数字万用表的选用原则 …… 015
二、万用表表笔与检测辅助工具的选用 …… 016
（一）表笔的选用 …… 016
（二）SMD 贴片元件专用测试夹的选用 …… 017
（三）测试插座的选用 …… 018
（四）鳄鱼夹表笔的选用 …… 018

课堂三　万用表拆改 / 020

一、万用表拆装技巧 …… 020
（一）万用表拆机技巧 …… 020
（二）万用表安装技巧 …… 022
二、万用表保养技巧 …… 024
（一）正常使用技巧 …… 024
（二）正常保养技巧 …… 024
三、万用表改用技巧 …… 026
（一）万用表改锂电技巧 …… 026
（二）普通万用表直流电流挡测交流电流的技巧 …… 026
（三）数字万用表增加温度测量功能的技巧 …… 028
（四）巧改万用表表笔 …… 028

第三讲／职业化学习课内训练

课堂一　工作原理 / 030

一、指针式万用表工作原理 …… 030
（一）直流电流的测量原理 …… 031
（二）直流电压的测量原理 …… 031
（三）交流电流、电压的测量原理 …… 031
（四）电阻的测量原理 …… 031
二、数字式万用表工作原理 …… 032
（一）电阻测量电路及小数点显示电路工作原理 …… 033
（二）直流电压测量电路工作原理 …… 033
（三）交流电压测量工作原理 …… 034
（四）交/直流电流测量电路工作原理 …… 036
（五）电容测量电路工作原理 …… 036
（六）二极管挡测量电路工作原理 …… 037

（七）三极管放大倍数测量电路工作原理 …… 038
（八）电源供电路工作原理 …… 038

课堂二　使用实训 / 040

一、用万用表检测电阻器 …… 040
（一）指针式万用表检测电阻器 …… 040
（二）数字万用表检测电阻器 …… 041
二、用万用表检测电容器 …… 041
（一）指针式万用表检测电容器 …… 041
（二）数字万用表检测电容器 …… 044
三、用万用表检测电感器 …… 045
（一）指针式万用表检测电感器 …… 045
（二）数字万用表检测电感器 …… 047
（三）用万用表检测电源变压器 …… 047
四、用万用表检测二极管 …… 048
（一）指针式万用表检测二极管 …… 048
（二）数字式万用表检测二极管 …… 051
（三）用万用表检测整流桥 …… 052
五、用万用表检测晶体 …… 052
六、用万用表检测光电耦合器 …… 053
七、用万用表检测电动机 …… 055
（一）指针式万用表检测电动机 …… 055
（二）数字万用表检测电动机 …… 056
八、用万用表检测家庭线路 …… 056
（一）指针式万用表分辨火线和零线 …… 056
（二）数字式万用表分辨火线和零线 …… 057
（三）照明线路开路的检测方法 …… 059
（四）线路短路的检测方法 …… 059
（五）线路漏电的检测方法 …… 060
九、用万用表检测开关器件 …… 061
（一）用万用表检测机械开关 …… 061
（二）用万用表检测轻触开关 …… 061
（三）用万用表检测光电开关 …… 063
十、用万用表检测过载保护器 …… 065
（一）用万用表检测熔断器 …… 065
（二）用万用表检测过载保护器 …… 067

十一、 用万用表检测电声器件 …… 068
（一）用万用表检测扬声器 …… 068
（二）用万用表检测耳机 …… 068
（三）用万用表检测蜂鸣片和蜂鸣器 …… 068
（四）用万用表检测传声器 …… 070
十二、 万用表检测电加热器件 …… 072
十三、 用万用表检测温度控制器件 …… 074
（一）用万用表检测双金属片温控器 …… 074
（二）用万用表检测制冷温控器 …… 074
十四、 用万用表检测定时器件 …… 077
（一）用万用表检测发条机械式定时器 …… 077
（二）用万用表检测电动机驱动机械式定时器 …… 078
十五、 用万用表检测电磁阀 …… 079
（一）用万用表检测进水电磁阀 …… 080
（二）用万用表检测排水电磁阀 …… 081
（三）用万用表检测四通换向电磁阀 …… 081
十六、 用万用表检测压缩机 …… 083
十七、 用万用表检测功率模块 …… 085
十八、 用万用表检测磁控管 …… 087
十九、 用万用表检测三端稳压器 …… 087

第四讲／职业化训练课后练习

课堂一　万用表检测电视机故障实训 / 092

（一）故障现象：TCL L42E5300D（MS801 机芯）型液晶电视，通电后出现不定时自动关机，有时关机后用遥控能够开机，有时开不了机 …… 092
（二）故障现象：TCL 王牌 L32P60BD 液晶电视不开机 …… 092
（三）故障现象：长虹 LED39B3000i（LM38IS-B 机芯）型液晶电视，不开机 …… 092
（四）故障现象：长虹 LED42B2000C（LS39SA 机芯）型液晶电视，所有信号输入均无声音 …… 093
（五）故障现象：创维 32L01HM 型液晶彩电不开机，多按几次开机键有时能开机，背光灯亮，但无图无声（有时有屏显），且喇叭里有很大的噪声，此时键控、遥控全失灵 …… 094

（六）故障现象：飞利浦 42PFL3605/93 型液晶电视指示灯不亮……… 095
（七）故障现象：海尔 29FA12-AM（8829/8859 机芯）型正常时上部有几条白色亮线，故障时场幅压缩 …… 095
（八）故障现象：海尔 H55E09（HK. T. RT2968P92X 机芯）液晶电视不开机 …… 095
（九）故障现象：海信 LED32K01 型液晶彩电（RSAG7. 820. 2242）无伴音 …… 095
（十）故障现象：海信 LED32K01 型液晶彩电红蓝灯闪烁不开机 …… 097
（十一）故障现象：康佳 LED32F3300 型液晶彩电开机后，有伴音，无图像，背光始终不亮 …… 097
（十二）故障现象：康佳 LED42R6610AU 液晶电视开机后灰屏，伴音及各控制功能均正常 …… 098
（十三）故障现象：乐视 TV X3-50 型安卓电视机不开机，LETV 指示灯不亮 …… 098
（十四）故障现象：三星 UA55C6200UF 55in 全高清 LED 电视收看中突然关机，红灯闪无声无光，继电器每 5s“嘀嗒”吸合一次 …… 101
（十五）故障现象：三洋 32CE5130（MSTV69D. PB83 机芯）型液晶彩电红外指示灯亮，但背光灯灭 …… 101

课堂二　万用表检测电磁炉故障实训 / 103

（一）故障现象：艾美特 CE2088DL 型电磁炉上电开机放锅后出现断续加热 …… 103
（二）故障现象：奔腾 PC22N-B 型电磁炉通电无反应 …… 104
（三）故障现象：德昕 TS-388A 型电磁灶整机不工作 …… 104
（四）故障现象：格兰仕 C18A-SEP1 型电磁炉通电测试，面板操作均正常，偶尔能正常加热 …… 104
（五）故障现象：格力 GC-16 型电磁炉一开机即烧熔丝 …… 106
（六）故障现象：九阳 JYC-18X 型电磁炉“砰”地响了一声，不通电了，电源总开关也跳了闸 …… 106
（七）故障现象：美的 C20-SH2050 型电磁炉报警不加热……… 106
（八）故障现象：美的 C21-RK2101 电磁炉不能正常加热，也没显示故障代码 …… 108
（九）故障现象：美的 C21-SK2103 型电磁炉，开机后无反应 …… 108
（十）故障现象：奇声 C18A3-2 型电磁炉更换 IGBT 管，加热不到 5min 停止加热，且停止加热后数码显示随之熄灭 …… 109

（十一）故障现象：尚朋堂 SR-1609 型电磁炉，底部进水，熔丝烧断，不加热 …… 110
（十二）故障现象：苏泊尔 C21-SDHC04 型电磁炉开/关机功能键正常，菜单功能失灵无法选择，不能加热 …… 110
（十三）故障现象：万家乐 MC19D 型电磁炉不加热 …… 110

课堂三　万用表检测空调器故障实训 / 112

（一）故障现象：长虹 KFR-28GW/BP 型空调通电开机，将空调设定为制热运行状态，压缩机、室内风扇电动机工作正常，但室外风扇电动机不工作，20min 后压缩机停 …… 112
（二）故障现象：长虹空调 KFR-28GW/BP 型空调开机后内机工作正常，外机不工作 …… 112
（三）故障现象：格力 2-3P 型睡系列变频空调器不工作，显示“E6”故障代码，且外机板绿灯正常闪烁 …… 112
（四）故障现象：海尔 KFR-28GW/01B（R2DBPQXF）-S1 型变频空调完全不工作 …… 112
（五）故障现象：海尔 KFR-28GW/HB（BPF）型空调内机工作约 20min 后内机风速忽高忽低，外机停止工作，报运转灯灭，制热灯亮，制冷灯闪 …… 114
（六）故障现象：海信 KFR-26G/27ZBP 型空调在气温 35℃以上无法启动 …… 115
（七）故障现象：海信 KFR-26G/77VZBP 空调开制冷，内风机工作正常，外风机及压缩机不工作；显示屏显示室内温度，但室外温度不能正常显示 …… 116

课堂四　万用表检测电冰箱故障实训 / 117

（一）故障现象：帝度 BCD-260TGE 型电冰箱压缩机不启动 …… 117
（二）故障现象：格兰仕 BCD-210W 冰箱不化霜 …… 117
（三）故障现象：海尔 BC/BD-106B 型卧式电冰柜压缩机不启动 …… 118
（四）故障现象：海尔 BC/BD-379H 型电冰柜压缩机不启动 …… 119
（五）故障现象：海信 BCD-207E 型电冰箱按键失灵 …… 119
（六）故障现象：海信 BCD-207E 型电冰箱整机不工作 …… 119
（七）故障现象：华凌 BCD-182WE 型无霜电冰箱，冷冻室微冷，冷藏室不凉，制冷效果差 …… 119
（八）故障现象：美菱 BCD-450ZE9 型电冰箱冷藏不化霜，冷藏室温度区显示“E”，其他功能正常 …… 121

（九）故障现象：日立 R-176 型直冷式电冰箱压缩机启动工作时漏电保护器自动跳闸 …… 121

课堂五　万用表检测微波炉故障实训 / 123

（一）故障现象：LG WD850（MG-5579TW）型微波炉通电后操作无反应 …… 123
（二）故障现象：格兰仕 750BS 型微波炉关微波炉门，灯亮，转盘风扇转动，可以设定显示微波加热时间，按下“启动”键马上灯灭、风扇、转盘停转 …… 124
（三）故障现象：格兰仕 G7020IIYSL-V1 型电脑式微波炉，接通电源，按下微波加热键并设置好时间后，显示器显示信息，按下启动键，炉灯亮，风扇与转盘运转正常，但不加热 …… 125
（四）故障现象：惠尔浦 AWH440 型烧烤型微波炉定时器不走，加热不停机 …… 125
（五）故障现象：美的 EG720FA4-NR 型微波炉插电无显示，也无复位蜂鸣声 …… 126

课堂六　万用表检测洗衣机故障实训 / 128

（一）故障现象：澳柯玛 XQG60-1268 型滚筒洗衣机接通电源后无显示 …… 128
（二）故障现象：海尔 XQB50-7288A 型全自动洗衣机不开机，指示灯不亮 …… 128
（三）故障现象：惠而浦 WI5075TS 型洗衣机不进水 …… 128
（四）故障现象：金玲 XQB55-522 型全自动洗衣机不进水，其他功能正常 …… 129
（五）故障现象：金松 XQB60-C8060 全自动洗衣机，能开机，显示也正常，就是不洗涤 …… 130
（六）故障现象：美菱 XQG50-532 型滚筒洗衣机开机进入高速脱水状态 …… 131

课堂七　万用表检测热水器故障实训 / 132

（一）故障现象：阿里斯顿 HW80/15H split 型空气能热水器机组不工作 …… 132
（二）故障现象：艾斯凯奇 RZW ** A1K 型（灵动数显系列）电热水器漏电保护电源线指示灯有亮，热水器指示灯不亮，有热水 …… 132

（三）故障现象：海尔 FCD-HM60CⅠ（E）型电热水器只出冷水，且加热指示灯不亮 …… 132
（四）故障现象：沈乐满 SR-6.5 型燃气热水器点火已引燃，但 LED 不灭，点火放电仍不停止 …… 132
（五）故障现象：史密斯 CEWH-40B2 型电热水器显示“E1” …… 135
（六）故障现象：同益 KRS-10G 型空气能热水器压缩机不工作 …… 135
（七）故障现象：万和 DSZF38-B 型电热水器不脱扣，按漏电试验按钮无作用 …… 135
（八）故障现象：万和 JSG18-10A 型燃气热水器插上电源后，听不到蜂鸣器提示，按键无作用，显示屏不亮，通水无反应 …… 135
（九）故障现象：万和 JSQ16-8B10 型燃气热水器通电后，按显示开关键，打开水阀，风机启动工作，8s 后显示屏显示 F1 …… 138
（十）故障现象：万家乐 JSQ24-12JP 型天然气热水器显“E1” …… 138

课堂八　万用表检测小家电故障实训 / 139

（一）故障现象：CYSB60YD6 型电高压锅接通电源后，控制灯板上的指示灯无反应 …… 139
（二）故障现象：好功夫电水壶手动加热正常，自动不加热 …… 140
（三）故障现象：九阳（Joyoung）JYK-40P01 电热水瓶，通电面板无显示，也不加热 …… 140
（四）故障现象：美的 MB-FD40H 型电饭锅上电指示灯不亮 …… 140
（五）故障现象：荣事达 RSD-812 型电水壶接通电源指示灯微亮，开机后不工作，有时候全熄灭了 …… 142
（六）故障现象：苏泊尔 CFXB40FC22-75 型电饭锅显示面板和操作正常，水烧不开 …… 142
（七）故障现象：万家乐 CFXB25-1/40-1 型电饭锅不通电 …… 142
（八）故障现象：王中皇 JSX60-100 电压力锅通电后面板指示灯全亮，显示屏缺笔画，且按键失灵 …… 143
（九）故障现象：希贵 GDS65-C 型电脑型电饭煲不能正常煮饭，按操作键时有声响提示，指示灯亮 …… 144
（十）故障现象：小白熊 HL-0800 型微电脑炖盅按开电源指示灯闪亮，按时间后，锅不发热 …… 145

课堂九　万用表检测电动自行车故障实训 / 146

（一）故障现象：爱玛电动车（豪华款）电动机转速变慢 …… 146

（二）故障现象：爱玛电动车（简易款）车灯不亮，电源灯不亮，
喇叭也不响 …… 146
（三）故障现象：澳柯玛电动车（通用型）出现故障，刚开始时
电动机断断续续时转时不转，过后就一点儿也不转了 …… 147
（四）故障现象：北京新日 TDR55Z-5 型“风速七代”无刷电动助力
车，有时接通钥匙开关时，电动机即高速旋转，转把失灵 …… 147
（五）故障现象：比德文电动车（豪华款）指示灯不亮，
电动机不转 …… 148
（六）故障现象：比德文电动车（简易款）电动机振动、
运转不连贯、无力 …… 148

课堂十　万用表检测电动机故障实训 / 150

（一）故障现象：BO2 型单相水泵电动机不工作 …… 150
（二）故障现象：JCB-22 型三相油泵电动机发热很厉害，运行
0.5h 后就跳闸了，以后就不转动了 …… 151
（三）故障现象：JD-6 型电动机运行中过载指示灯闪烁，
蜂鸣器鸣叫，长时间未保护停机 …… 151
（四）故障现象：JO2L-71 型电动机不转 …… 152
（五）故障现象：JZR2-Ⅱ型三相绕线转子电动机不启动 …… 152
（六）故障现象：奥克斯空调风机失控，无法进行风速调节 …… 153
（七）故障现象：东菱 YDM-30T-4A 型永磁直流面包机
电动机不转 …… 153
（八）故障现象：飞利浦 6030DJH 型豆浆机电动机不转 …… 155
（九）故障现象：美的鹰牌吊扇单相电容运行电动机不转 …… 155
（十）故障现象：山西产 C02-90L～21.5HP 型木工电刨床电动机
开机发出“嗡嗡”响声，但不转 …… 156
（十一）故障现象：深圳产 E0-90L1-41.1kW 型木工刨床电动机，
接通电源噪声大、有劲，几分钟后电动机高烧，电容
发烫而后爆裂 …… 157
（十二）故障现象：台达 VFD-M 系列变频器电动机操作面板
有显示，但不能启动运转 …… 157
（十三）故障现象：武汉产 XXD-120 型单相电容运转式 4 极
电动机，启动时发出“嗡嗡”声，不能启动 …… 158
（十四）故障现象：英威腾 GD300 系列变频器电动机不转，
且“POWER”灯不亮，也无显示故障代码 …… 159

（十五）故障现象：郑州产 Y90L-23kW 型饲料粉碎机电动机，接通电源空载运行正常，但加料就停机 …… 159

课堂十一　万用表检测电力电器故障实训 / 161

（一）故障现象：10kV 断路器在用遥控操作合闸时，下发合闸指令返回指令合闸失败 …… 161
（二）故障现象：弘乐牌 TSD10kV·A 稳压器无稳压功能 …… 161
（三）故障现象：某单位低压柜 DW15-630 断路器接二连三出现手动能合闸，电动合闸时吸合电磁铁动作，但马上烧熔断器 …… 161
（四）故障现象：配电盘 BK-200VA 控制变压器屡损，不能使用 …… 163
（五）故障现象：三科牌 SVC-10kV·A 稳压器，接通电源时可听见碳刷正常往复动作的声音，但稳压器始终没有输出 …… 163
（六）故障现象：一台 CJ10-20 型交流接触器，通电后没有反应，不能动作 …… 164
（七）故障现象：一台 CJ10-20 型交流接触器通电后，线圈内时有火花冒出，伴随冒火现象，接触器跳动 …… 164
（八）故障现象：一台内燃机起动器，通电后能工作，但输出电压只有 25V，达不到正常时的 36V 电压 …… 165

课堂十二　万用表检测电工线路故障实训 / 166

（一）故障现象：4 线制可视对讲门铃按室外机叫门键，室内室外机通话正常，图像正常，但按室外机叫门键，室内机不响铃 …… 166
（二）故障现象：GUK-82 型路灯光控开关自动开关不工作 …… 166
（三）故障现象：HDL-3006C 型舞厅调光控制器通电灯管不调光 …… 167
（四）故障现象：SGK-Ⅲ-1 型声光控灯通电灯就亮，延时后灯灭一下又亮了，光控正常 …… 168
（五）故障现象：安泽视网络监控摄像头无图像 …… 168
（六）故障现象：大华 DH-CA-FW17-IR3 型红外线监控摄像头被雷击后无图像 …… 169
（七）故障现象：夫夷微一路触摸开关通电后按开关面板无反应，不能开关灯具 …… 169
（八）故障现象：金积嘉 JS-V806R2 型四线制可视对讲门铃呼叫无铃声 …… 170

（九）故障现象：某品牌门铃当来客按楼下主机呼叫 603 室按钮时，603 室内的人能听到振铃声，摘下话机，听不到来客讲话，也不能对讲 …… 171
（十）故障现象：欧普 OP-Y224X2D 型电子镇流器通电无反应，两只灯管均不亮 …… 172
（十一）故障现象：欧普 OP-YZ40D 型环形吸顶灯时亮时灭 …… 172
（十二）故障现象：四状态照明灯控制器工作时周边灯始终不亮 …… 172
（十三）故障现象：天津产 TISC-1204H 型荧光灯不亮 …… 172
（十四）故障现象：星宇 FM980A 型楼宇对讲机楼下按上去“嘀-嘀”响两声就挂断了，家里分机不响 …… 176
（十五）故障现象：振威楼宇对齐系统来客按可以正常对话，但楼上按开门按钮，只听见话筒嘟一声，楼下电子锁并没有动作开门 …… 177
（十六）故障现象：珠安 ZA-988 型楼宇对讲系统不能开锁 …… 178

第一讲

职业化训练预备知识

课堂一

万用表的种类

万用表又称为复用表、多用表、三用表、繁用表等，是最基本最常用的电工电子测量仪表之一。万用表的种类很多，可按表头的构成和测量功能进行分类。

一、按表头的构成分类

按工作表头的构成万用表可分为机械型（指针型）万用表和数字显示型（简称数字型）万用表同类。其中：数字万用表按照量程转换方式又可划分成手动量程（MAN RANGZ）、自动量程（AUTO RANGZ）、自动/手动量程（AUTO/MAN RANGZ）三种类型；根据使用环境不同又分为普及型便携式数字万用表、台式数字表和笔型数字万用表等。

二、按测量功能分类

按测量功能万用表可分为普通型万用表和多功能型万用表。普通万用表只能测量电阻、电流和三极管放大倍数测量等一般基本测量功能，例如常见 MF500 和 MF47 等就属于此类。而多功能万用表在普通万用表的功能上增加了欠电压、音频电平、温度/湿度、频率测量、示波器图形显示等特殊功能，例如 MS8228、UT81 系列等带特殊功能的多功能万用表。

课堂二

万用表功能简介

一、指针式万用表功能简介

指针式万用表又称机械型万用表、模拟万用表，目前，常见的指针式万用表有 MF47、MF500 等型号，如图 1-1 所示。

MF47型是设计新颖的磁电系整流式便携式多量程万用电表。具有26个基本量程和电平，电容，电感，晶体管直流参数等7个附加参考量程

MF500型万用电表是一种高灵敏度、多量限的携带整流系仪表。该仪表共具有29个测量量限，能分别测量交直流电压、交直流电源、电阻，适宜于无线电、电讯及电工事业单位作一般测量之用

图 1-1　两种常用的指针式万用表

指针式万用表指针摆动的过程比较直观，其摆动速度幅度有时也能比较客观地反映了被测量的大小，比如测电视机数据总线（SDL）在传送数据时的轻微抖动，与数字万用表相比，就比较容易通过直观反映出来。

二、便携式数字万用表功能简介

便携式数字万用表是用于基本故障诊断的便携式装置，一般包含安培计、电压表、欧姆计等功能，有时也称为万用计、多用计、多用电表或三用电表。

目前普通的便携式数字万用表主要有 DT9205、DT890 等；比较特殊的有 UT81 示波型数字万用表、深圳华仪 MS8228 红外测温功能数字多用表、美国富禄克高精度 867B 图形万用表和美国富禄克 289 真有效值电子记录多用表等，如图 1-2 所示。

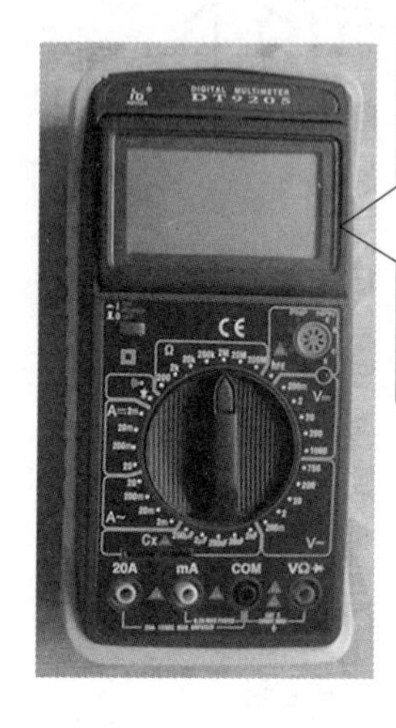

DT9205便携式数字万用表，是最常见的便携式维修测量仪表。以大规模集成电路、双积分A/D(模/数)转换器为核心，配以全功能过载保护电路，可用来测量直流和交流电压、电流、电阻、电容、二极管、三极管、温度、频率、电路通断等

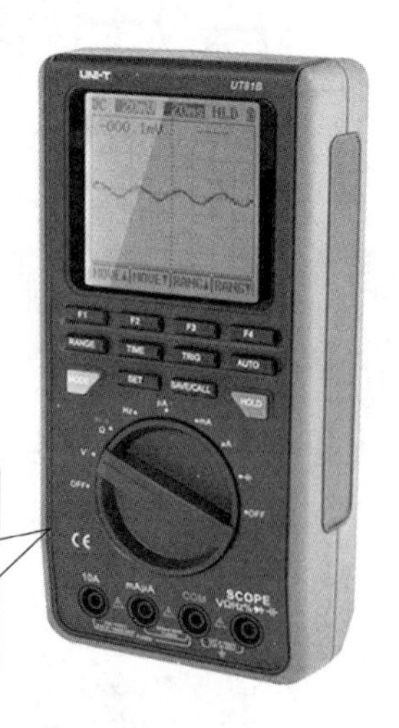

UT81系列是采用嵌入式数字控制技术设计的集数字存储示波器、数字万用表等功能于一体的手持式新型数字示波万用表

MS8228华仪数字万用表，带红外测温、温湿度测试功能

FLUKE289真有效值电子记录多用表，由于可以记录数据并在屏幕上以图形方式进行查看，因此便于用户快速解决问题并有助于尽可能缩短停机时间

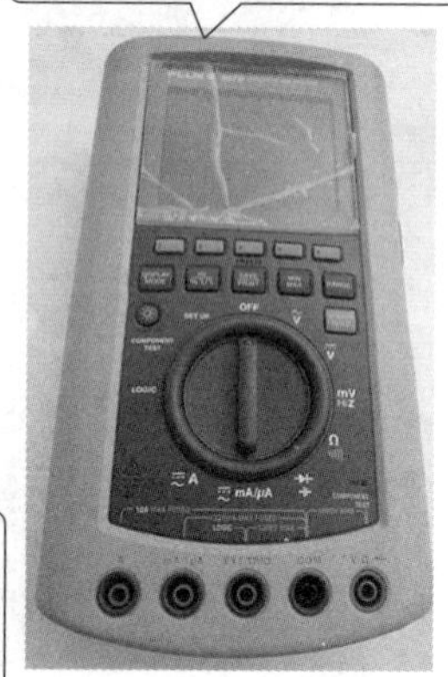

867B系列图形多用表结合高性能的数字多用表和先进的图形显示及记录功能，可方便地进行高准确度测量，波形显示趋势绘图

图 1-2　几种便携式数字万用表

三、台式数字万用表功能简介

台式数字万用表是一种多用途电子测量仪器，一般包含安培计、电压表、欧姆计等功能。例如，胜利 VC8245 是比较常见的台式数字万用表，如图 1-3 所示。

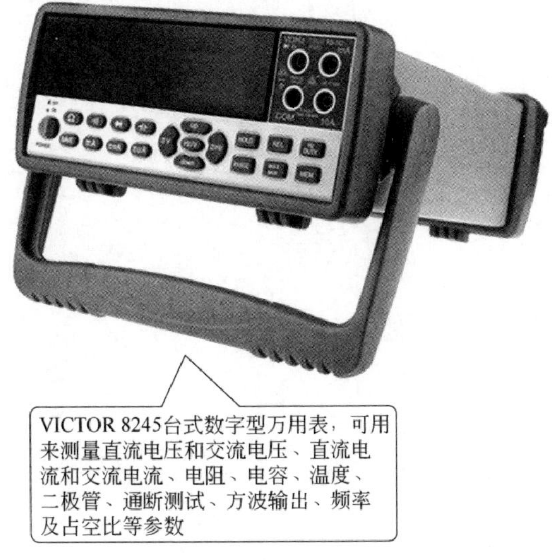

VICTOR 8245台式数字型万用表，可用来测量直流电压和交流电压、直流电流和交流电流、电阻、电容、温度、二极管、通断测试、方波输出、频率及占空比等参数

图 1-3　台式数字万用表

四、笔型数字万用表功能简介

笔型数字万用表为便携的、专业的测量仪器，具有美观的液晶数字显示器，用户容易读数，转换开关单手操作便于测量，具有过载保护和低电池指示。例如华仪 MS8211 是比较常见的笔形数字万用表，如图 1-4 所示。

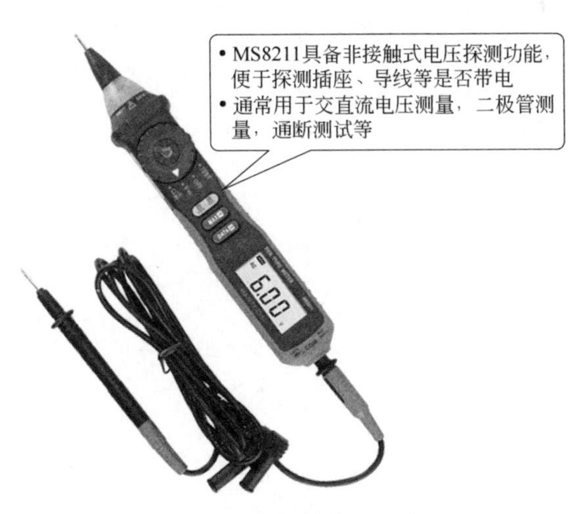

• MS8211具备非接触式电压探测功能，便于探测插座、导线等是否带电
• 通常用于交直流电压测量，二极管测量，通断测试等
6.00

图 1-4　笔型数字万用表

第二讲

职业化学习课前准备

课堂一

场地选用

一、检测工作台的选用及注意事项

人体是最为常见的静电源，人在活动中都会产生静电，人在干燥环境中活动所产生的静电可达几千伏到几万伏，而大部分电子元器件所能承受的静电破坏电压都在几百至几千伏，例如：肖特基二极管静电破坏电压为300～3000V；双极性晶体管静电破坏电压为380～7000V；石英压电晶体<10000V。因此，对人体的静电防护是最为重要的。

最有效的防静电措施是让人体与大地相“连接”，保持同电位。具体的解决办法有戴防静电手腕环或脚腕环、穿防静电鞋、防静电服、敷设专用的防静电线路，有条件的在地上敷设防静电地板等。广大的电子维修工作者受条件的限制，无法参照大公司、大厂家规范的做法，下面介绍一种简单可行的防静电检测工作台的选用及注意事项。

（一）防静电检测工作台的搭建

防静电工作台是由防静电台垫、接地扣、L型接地扣插座、防静电手环和接地线、防静电手套和带接地线电烙铁等组成，如图2-1所示。

1. 防静电台垫

又称绝缘胶板，主要用导静电材料、静电耗散材料及合成橡胶等通过多种工艺制作而成。产品一般为二层结构，表面层为静电耗散层，底层为导电层。防静电台垫可以释放人体静电，使人体与台面上的ESD（静电释放）镊子、工具、器具、仪表等达到均一的电位 使静电敏感器件（SSD）不受静电放电现象产生的干扰，从而达到静电防护的效果。

2. 接地扣

防静电接地线采用PVC及PU原料制成，弹性好，配有爪钉，方便直接安装于台垫上，安装方法如图2-2所示。

接地线另一端配有香蕉头和鳄鱼夹，方便插入接地插座和直接夹住接地线。

3. L型接地扣插座

接地插座与手腕带/接地扣 等配合使用，手腕带与接地扣的拔掉一端的鳄鱼夹

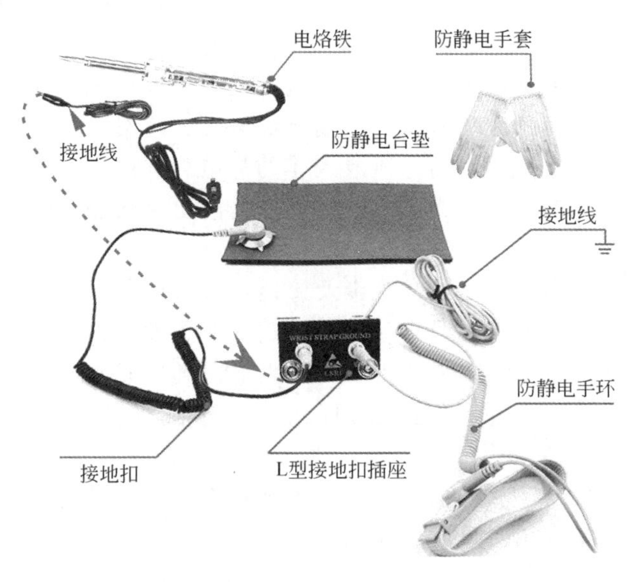

图 2-1 防静电工作台的组成

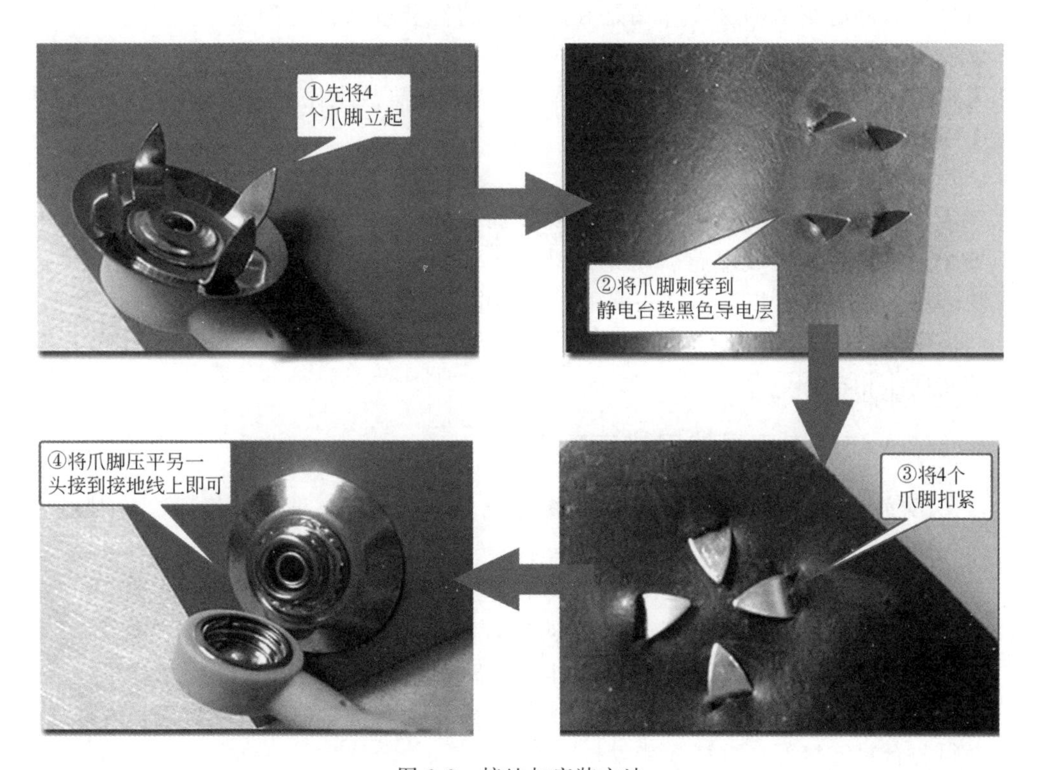

图 2-2 接地扣安装方法

突出的端子插入孔内有效接地。接地插座可安装在工作台及方便接地处。

4. 防静电手环

防静电手环是一种佩戴于人体手腕上，泄放人体聚积静电荷的器件。它分为有线型、无线型，有金属环和橡皮筋导电丝混编环。使用防静电手环可有效保护零阻件，免于受静电之干扰，用以泄放人体的静电。它由防静电松紧带、活动按扣、弹簧软线、保护电阻及夹头组成。松紧带的内层用防静电纱线编织，外层用普通纱线编织。

防静电有线手环的原理是通过腕带及接地线将人体的静电导到大地。使用时腕带与皮肤接触，并确保接地线直接接地，这样才能发挥最大功效。戴上这防静电腕带，它可以在0.1s时间内安全地除去人体内产生的静电，接地手腕带是防静电装备中最基本的，也是最为普遍使用的。

5. 接地线

接地线的一端接L型接地插座一端与大地相连，一般用截面大于16cm^{2}的金属，埋于湿地1m以下，并引出接线端作地端。

6. 防静电手套

防静电手套通常采用防滑、抗ESD材料制成。它具有减少静电荷产生、积累的特性。防静电手套的主要作用是在对电器的拆装或元器件的检测过程中，防止人体产生的静电对电子元器件可能造成的损害，另外还可防止金属部件对维修操作人员手的伤害。修理中用手拿半导体零件尤其是集成电路和MOS管时，一定要戴上手套。

7. 带接地线电烙铁

大多数维修人员所用电烙铁的电源线插头均为二芯插头，无接地线，这样很不安全，容易损坏集成电路、发光二极管等元器件。改正措施是，应将电烙铁金属头部用导线接地，以防烙铁头漏电，损伤电子元器件。

使用电烙铁进行焊接工作时，应将电烙铁的接地端子与防静电工作台的L型接地扣插座相连。

（二）防静电工具使用注意事项

① 防静电手套不具有耐高温、绝缘性能。不得用于高温作业场所，绝对不允许作为绝缘手套使用。

② 防静电手套一旦受到割破，会影响防护效果请勿使用。

③ 防静电手套在储存时应保持通风干燥，防止受潮、发霉。

④ 使用时防静电手套过程中，禁止接触腐蚀性物质。

⑤ 使用防静电手腕带应注意，必须与皮肤直接接触，并确保接地线有效接地，或必须与台垫连接好，这样才能发挥最大功效。

⑥ 防静电台垫最好不要直接接触高温，电烙铁不用时应置于烙铁支架上，避免温度过高烫坏台垫。

⑦ 对于三芯电源线插头的电烙铁，也应检查电源插座内是否有可靠的接地线，以防接地线虚设。

⑧ 接地线应电源线分开，禁止将市电源地线直接与防静电工作台面地线连接。

⑨ 备件应放入防静电袋中。

二、检测场地的选用及注意事项

专业的电子维修工作室（店）一般是由接待前台、仪器、仪表、工具、必备材料配件货柜及检测台等场地组成。其中，检测场地的选用尤为关键，是利用万用表等电工仪器仪表、工具，对电冰箱、空调器、洗衣机等家用电器进行测试、检查，以便快速准确地查找出故障点。电子维修检测场地的选用及注意事项如下。

（一）维修测试模块的选用及注意事项

维修测试模块在维修时用来检测交、直流电路的工作电压、电流、波形信号，以及元器件的电阻值、晶体管的一般参数和放大器的增益等。通常维修测试模块是由数字万用表、指针式万用表、示波器等仪器组成，如图 2-3 所示。

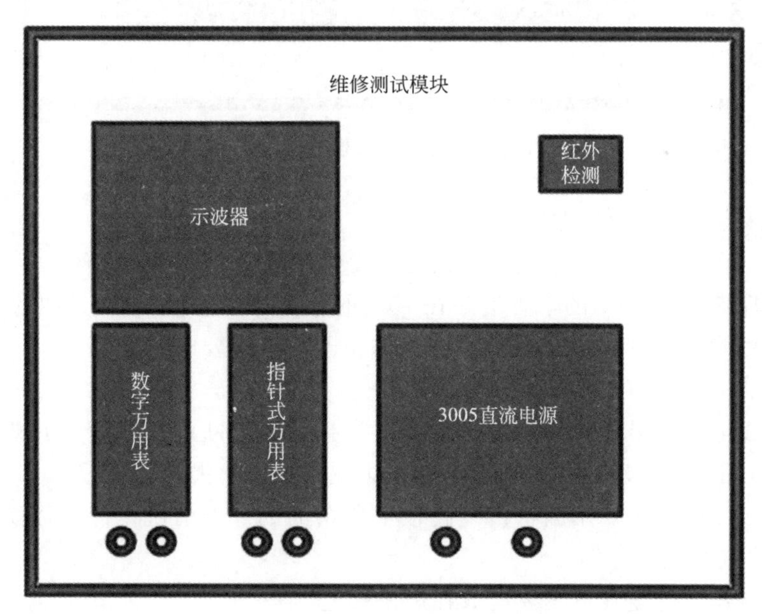

图 2-3 维修测试模块的选用

使用测试模块测试电子电路时应熟练掌握万用表的使用方法，严格按照仪器的相应操作规程进行检测操作。不正确的检测方法会给设备、元件和仪表造成损坏。带电测量过程中应注意防止发生短路和触电事故。

（二）焊接工具模块的选用及注意事项

焊接工具模块在检修时用来对电子电路故障元器件进行补焊、拆焊等。通常焊接工具模块是由热风枪、风枪温度表、电烙铁和电烙铁温度表组成，如图 2-4 所示。

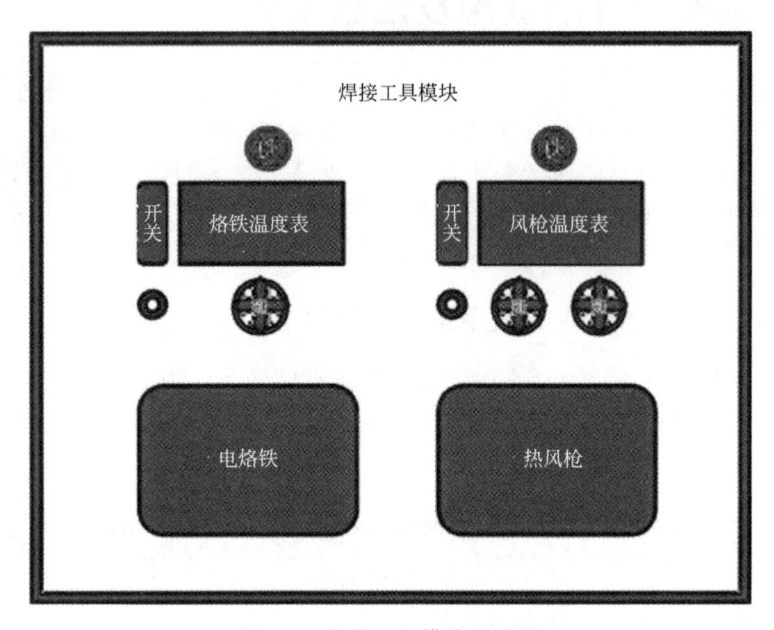

图 2-4 焊接工具模块的选用

使用焊接工具时应注意以下事项。

① 选用合适的焊锡，应选用焊接电子元器件用的低熔点焊锡丝。

② 助焊剂，用 25％的松香溶解在 75％的酒精（重量比）中作为助焊剂。

③ 焊接时间不宜过长，否则容易烫坏元器件，必要时可用镊子夹住引脚帮助散热。

④ 集成电路应最后焊接，电烙铁要可靠接地，或断电后利用余热焊接。或者使用集成电路专用插座，焊好插座后再把集成电路插上去。

⑤ 焊接完成后，要用酒精把线路板上残余的助焊剂清洗干净，以防炭化后的助焊剂影响电路正常工作。

⑥ 电烙铁不能随意放置，应放在烙铁架上。

（三）维修电源模块的选用及注意事项

一般的维修电源应该包括交流调压器、直流高压器和直流高压等多种电压输出，如图 2-5 所示。

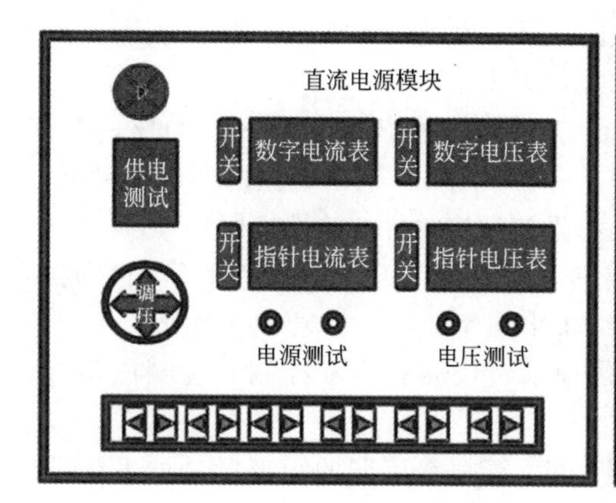

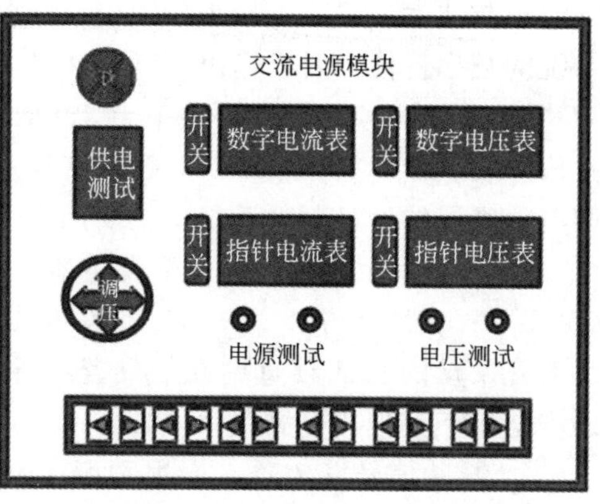

图 2-5 维修电源模块的选用

1. 交流调压器

交流高压器主要供给各种电子设备交流电源维修时使用，电源变压器次级有3V、6V、10V、20V、36V、85V、120V、180V、220V、250V、270V。例如，180～270V 交流输出端可供检修与电源电压有关的软故障，同时亦可检修彩电对交流电压的适应范围。又例如，36V/50Hz 交流电源可并接电话机输入线代替程控机输出的交流振铃信号，供检修响铃电路。再例如，变压器次级的 220V，可检修彩电，此时变压器 T1 变比为 1∶1，起隔离作用。

2. 直流调压器

直流高压器能提供 1.5～30V 可调直流电压，可用于检修手机、液晶电视、黑白电视机等设备，也可作为直流 30V 以下各种电子仪器的电源。又例如提供电压可调的双电源，可用于一切具有双电源的电子仪器检修时使用。再例如，提供 90～120V 可调的直流电压，可作为各种彩电的维修电源。

3. 直流高压

直流高压可提供直流 3000V 以上的电压，用以检测电容器的耐压及其性能好坏，例如检修电磁炉等设备。

需要注意的是，如果以上功能都是使用一个变压器，但接地点不一样，所以不能同时使用于一个电路，用了隔离交流就不能在同一个电路中同时再使用直流稳压，双电源也不能和直流稳压同时使用。还有就是实际维修操作中，应按待修设备的额定电压接入相应的维修电源，严禁将“高压”接入直流低压设备，例如将维修电源的“高压”接入手机设备，会造成严重烧坏设备的后果。

（四）信号发生模块的选用及注意事项

信号发生模块一般可分为低频信号发生器、高频信号发生器、函数发生器、脉冲信号发生器以及频率合成式信号发生器等。

① 低频信号发生器。包括音频（200～20000Hz）和视频（1Hz～10MHz）范

围的正弦波发生器。主振级一般用 RC 式振荡器，也可用差频振荡器。为便于测试系统的频率特性，要求输出幅频特性平和波形失真小。

② 高频信号发生器。频率为 100kHz～30MHz 的高频、30～300MHz 的甚高频信号发生器，300MHz 以上超高信号源。一般采用 LC 调谐式振荡器，频率可由调谐电容器的度盘刻度读出。主要用途是测量各种接收机的技术指标。

③ 函数发生器。又称波形发生器。它能产生某些特定的周期性时间函数波形（主要是正弦波、方波、三角波、锯齿波和脉冲波等）信号。频率范围可从几毫赫甚至几微赫的超低频直到几十兆赫。除供通信、仪表和自动控制系统测试用外，还广泛用于其他非电测量领域。

④ 脉冲信号发生器。产生宽度、幅度和重复频率可调的矩形脉冲的发生器，可用以测试线性系统的瞬态响应，或用模拟信号来测试雷达、多路通信和其他脉冲数字系统的性能。

⑤ 频率合成式信号发生器。这种发生器的信号不是由振荡器直接产生，而是以高稳定度石英振荡器作为标准频率源，利用频率合成技术形成所需之任意频率的信号，具有与标准频率源相同的频率准确度和稳定度。输出信号频率通常可按十进位数字选择，最高能达 11 位数字的极高分辨力。频率除用手动选择外还可程控和远控，也可进行步级式扫频，适用于自动测试系统。

使用信号发生器时应注意：信号发生器的负载不能存在高压、强辐射、强脉冲信号，以防止功率回输造成仪器的永久损坏。功率输出负载不要短路，以防止功放电路过载。

课堂二

准备与拆改

一、万用表的选用

（一）模拟万用表与数字万用表的比较

模拟与数字万用表是电子维修工必备工具，相比较而言，两种测量仪表各有其优缺点，具体区别如表 2-1 所示。一般来说，对于初学者建议选用指针式万用表，对于非初学者应当选用两种仪表。

表 2-1 模拟万用表与数字万用表的比较

比较项	模拟万用表	数字万用表
结构功能	内阻较小，且多采用分立元器件构成分流分压电路。内部结构简单，所以成本较低，功能较小，维护简单，过流过压能力较强	内部采用了多种振荡，放大、分频保护等电路，所以功能较多。比如可以测量温度、频率（在一个较低的范围）、电容、电感，做信号发生器等
读数	具有直观、形象的读数指示（一般读数值与指针摆动角度密切相关，所以很直观）	采用 0.3s 取一次样来显示测量结果，有时每次取样结果只是十分相近，并不完全相同，这对于读取结果就不如指针式方便
灵敏度	一般内部没有放大器，所以内阻较小，比如 MF-10 型，直流电压灵敏度为 100kΩ/V。MF-500 型的直流电压灵敏度为 20kΩ/V	由于内部采用了运放电路，内阻可以做得很大，往往在 1MΩ 或更大（即可以得到更高的灵敏度）。这使得对被测电路的影响可以更小，测量精度较高
使用场合	指针式万用表输出电压较高（有 10.5V、12V 等）。电流也大（如 MF—500×1Ω 挡最大有 100mA 左右）可以方便的测试晶闸管、发光二极管等	输出电压较低（通常不超过 1V）。对于一些电压特性特殊的元器件的测试不便（如晶闸管、发光二极管等）

（二）模拟万用表与数字万用表的选用原则

电子维修工作中，应合理地选用万用表测量元器件，以保证仪表的安全和元器件测量的准确性，从而提高维修工作效率。下面具体介绍模拟万用表与数字万用表的选用原则。

① 模拟万用表内一般有两块电池，一块低电压的1.5V，一块是高电压的9V或15V，其黑表笔相对红表笔来说是正端。

② 数字万用表则常用一块6V或9V的电池。在电阻挡，模拟万用表的表笔输出电流相对数字万用表来说要大很多，用$R\times1$挡可以使扬声器发出响亮的“哒”声，用$R\times10k$挡甚至可以点亮发光二极管（LED）。

③ 模拟万用表的读取精度较差，但指针摆动的过程比较直观，其摆动速度幅度有时也能比较客观地反映了被测量的大小（比如测电视机数据总线在传送数据时的轻微抖动）。

④ 数字万用表读数直观，但数字变化的过程看起来很杂乱，不太容易观看。

⑤ 在电压挡，模拟万用表的内阻相对数字万用表来说比较小，测量精度相比较差。某些高电压微电流的场合甚至无法测准，因为其内阻会对被测电路造成影响（比如在测电视机显像管的加速级电压时测量值会比实际值低很多）。

⑥ 数字万用表电压挡的内阻很大，至少在兆欧级，对被测电路的影响很小。但极高的输出阻抗使其易受感应电压的影响，在一些电磁干扰比较强的场合测出的数据可能是虚的。

⑦ 在相对来说大电流高电压的模拟电路测量中适用模拟万用表，比如电视机、音响功放。

⑧ 在低电压小电流的数字电路测量中适用数字万用表，如手机等。

总之，如何选用模拟万用表与数字万用表不是绝对的，具体应根据情况选用。

二、万用表表笔与检测辅助工具的选用

（一）表笔的选用

万用表的表笔又称表棒，是用来接触被测物的笔状物，分为红、黑二只，如图2-6所示。使用万用表测量时，应将红色表笔插入标有“+”号的插孔，黑色表笔插入标有“－”号的插孔。

万用表表笔应选择正规可靠的产品，其导通性测试、高压测试、弯折测试和拉力测试等必须达到相关标准规范，特别是一定要符合过CAT等级（电压等级）。根据国际电子电工委员会IEC1010-1的定义，将电工工作区域分为CATⅠ、CATⅡ、CATⅢ、CATⅣ四个等级，如表2-2所示。对万用表而言，它们所标注的CAT等级表明它们各自的最高“安全区域”，CAT表面的电压数值则表示能承受电压冲击的上限。非应允范围的测量，可能导致烧表，乃至发生燃烧、爆炸，威胁人身安全。

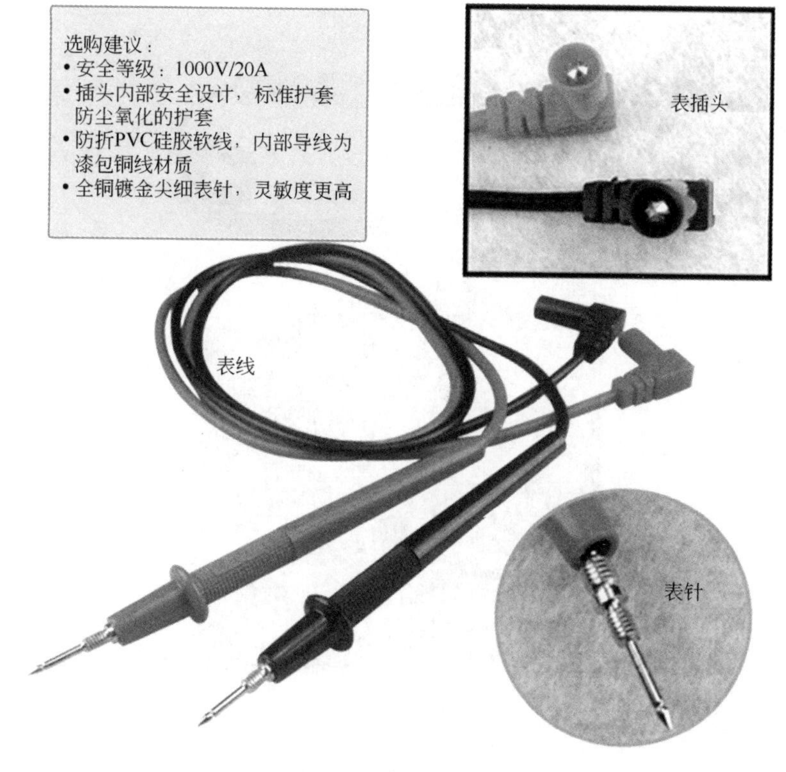

图 2-6 万用表表笔

表 2-2 CAT 等级

CAT 等级	CAT Ⅰ	CAT Ⅱ	CAT Ⅲ	CAT Ⅳ
7.4kV	—	—	1000V	600V
5.55kV	—	1000V	600V	300V
3.7kV	1000V	600V	300V	—
2.3kV	600V	300V	—	—
1.4kV	300V	—	—	—

万用表表笔的款式型号很多，选购时应根据自己的万用表型号选择对应的表笔。另外，选购表针为全铜镀金，表针要尖细，以提高导电性能和方便检测集成电路引脚、LED 和小元器件。

（二）SMD 贴片元件专用测试夹的选用

SMD 贴片元件专用测试夹如图 2-7 所示，适用于 SMD 电阻、电容、集成电路的测试。

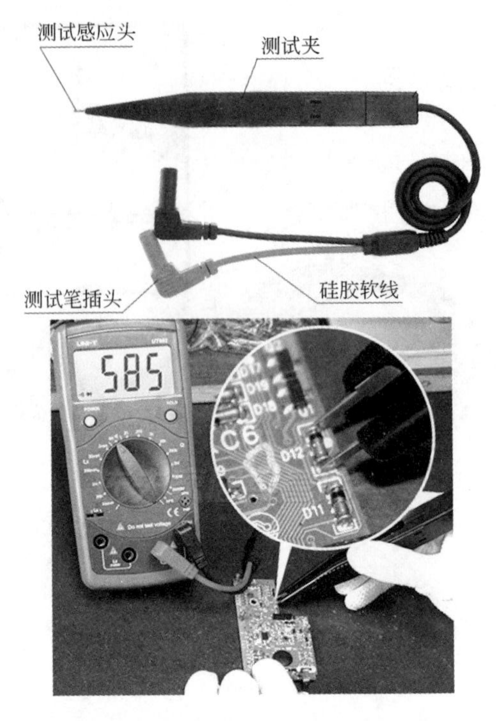

图 2-7　SMD 贴片元件专用测试夹

SMD 贴片元件专用测试夹是万用表表笔的替代工具，从而实现单手操作，使测量更方便。

（三）测试插座的选用

测试插座如图 2-8 所示，适用于电阻、电容、三极管、二极管的转接测试。

使用测试插座时，根据所测试的元器件选择好量程挡位，将测试插座的插头插入万用表上对应的 mA、COM 或 VΩHz 连接插孔，然后将需要测试的元器件直接插入测试插座背面的对应孔中，即可在万用表屏幕上读出信息。

（四）鳄鱼夹表笔的选用

鳄鱼夹表笔如图 2-9 所示，是用鳄鱼夹代替表笔，将它夹牢在待测点上，无需手持表笔，使测量不会中断。鳄鱼夹表笔主要用于当需固定在某处测量时，或要求腾出手来调试时，表笔不能保持在测试点上的测试操作，特别适合需要动态数据测量的地方。

需要注意的是，由于鳄鱼夹的手柄很短，所以在测量较高电压时，一定要注意安全，最好是截绝缘手套操作，断电操作最为安全。

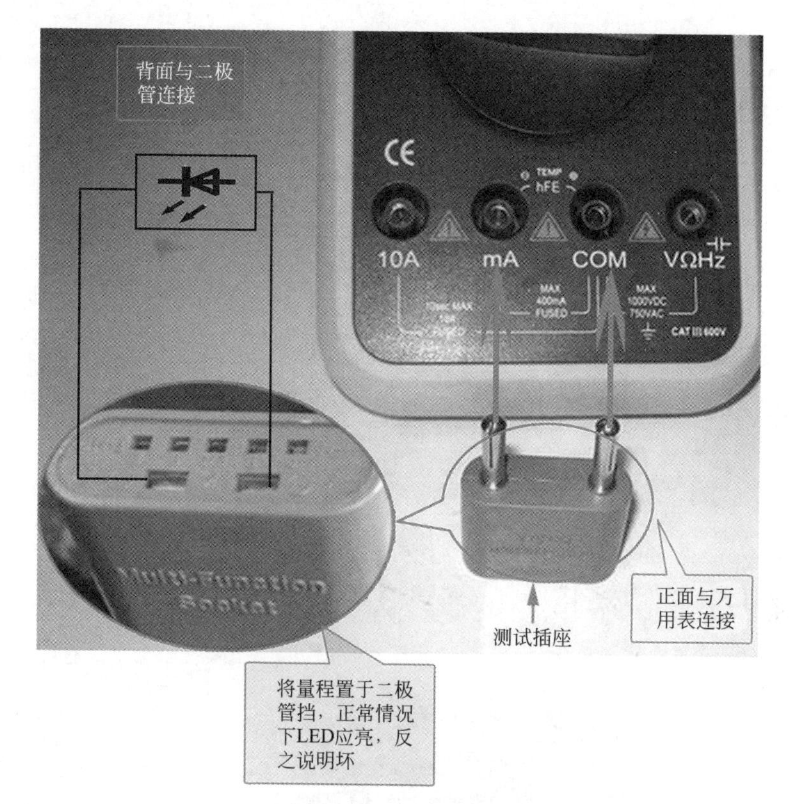

图 2-8 测试插座

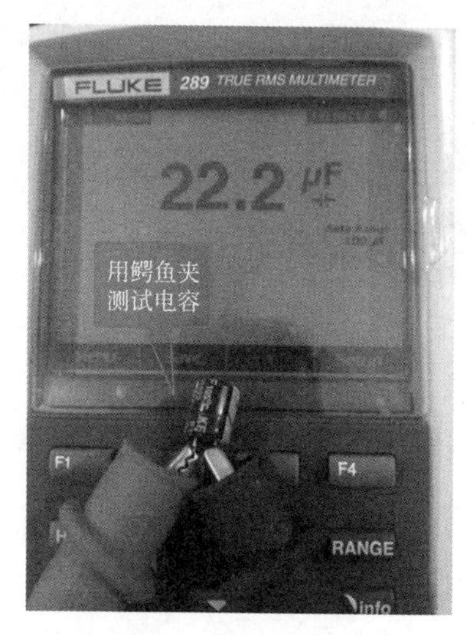

图 2-9 鳄鱼夹表笔

课堂三

万用表拆改

一、万用表拆装技巧

（一）万用表拆机技巧

下面以福禄克（Fluke）17B数字多功能万用表为例，介绍万用表的拆机方法。

（1）为免电击，拆解之前应先拔出测试笔，方可拆开外壳，电池盒，如图2-10所示。

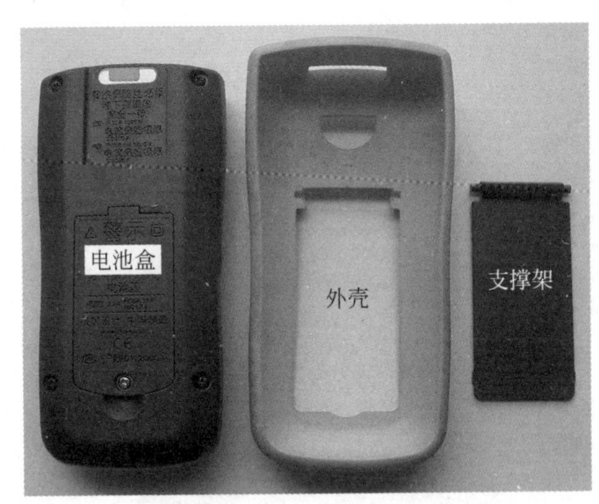

图2-10　拆开外壳和电池盒

（2）用十字螺钉旋具拧下电池盒的固定螺钉，卸下电池盒，如图2-11所示。

（3）卸下固定后壳的4个固定螺钉，将后壳与主印制电路板分离，如图2-12所示。

（4）依次取下固定主印制电路板的4个固定螺钉，面板上4个插孔螺钉，撬开外壳的三个塑料卡扣，即可将主印制电路板从面板上卸下，如图2-13所示。

（5）依次卸下面板上的附属部件，包括显示屏塑料保护板、橡胶按键、转盘、4个插孔柱等，如图2-14所示。

（6）显示屏通过塑料定位柱固定在主板上，用手轻轻地即可将其取下，如图2-15所示。

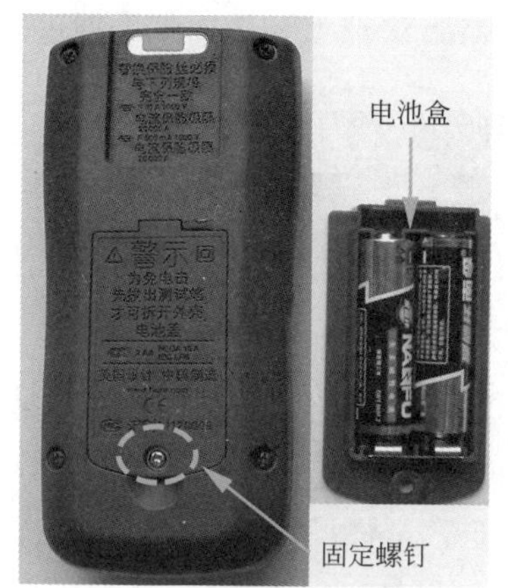

图 2-11　卸下电池盒

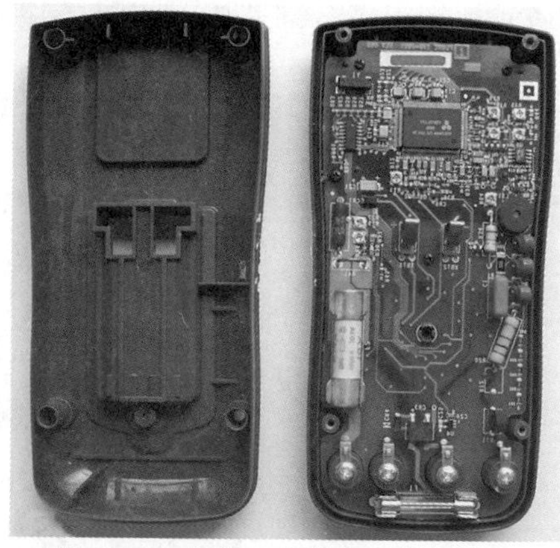

图 2-12　分离后壳与主印制电路板

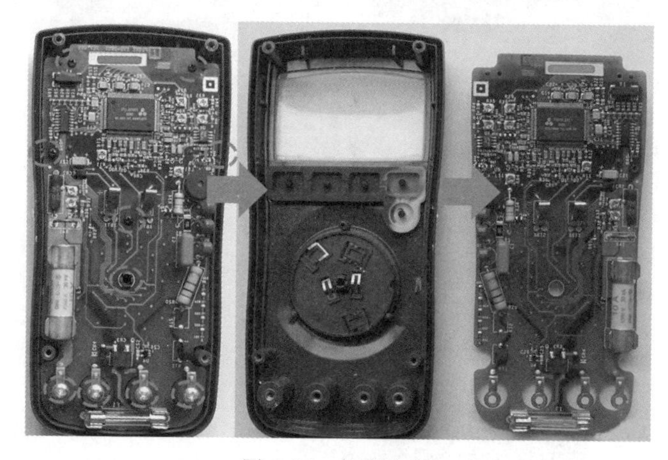

图 2-13　卸下主板

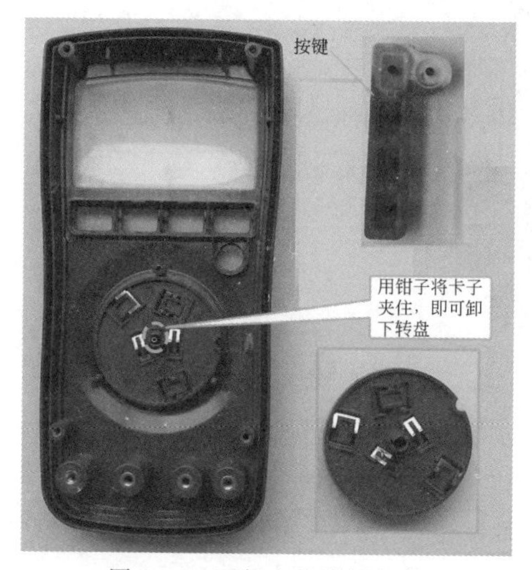

图 2-14　面板上的附属部件

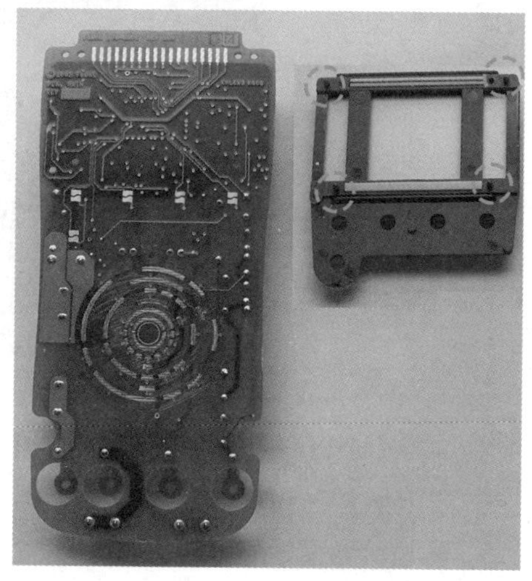

图 2-15　卸下显示屏

（7）拆卸工序全部完成，如图 2-16 所示。安装方法按上述工序相反即可。

图 2-16　福禄克（Fluke）17B 万用表拆解图

（二）万用表安装技巧

1. LED 屏的安装

万用表 LED 屏的安装方法如图 2-17 所示。

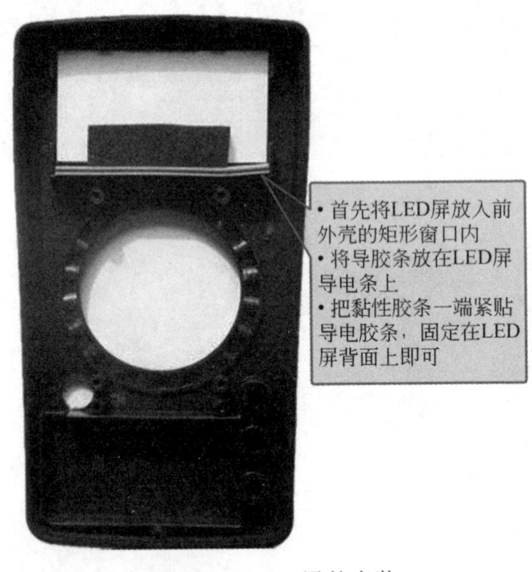

• 首先将LED屏放入前外壳的矩形窗口内
• 将导胶条放在LED屏导电条上
• 把黏性胶条一端紧贴导电胶条，固定在LED屏背面上即可

图 2-17　LED 屏的安装

2. 拨盘旋钮和钢珠的安装

万用表拨盘旋钮和钢珠的安装方法如图 2-18 所示。

3. 整机的安装技巧

万用表整机的安装方法如图 2-19 所示。

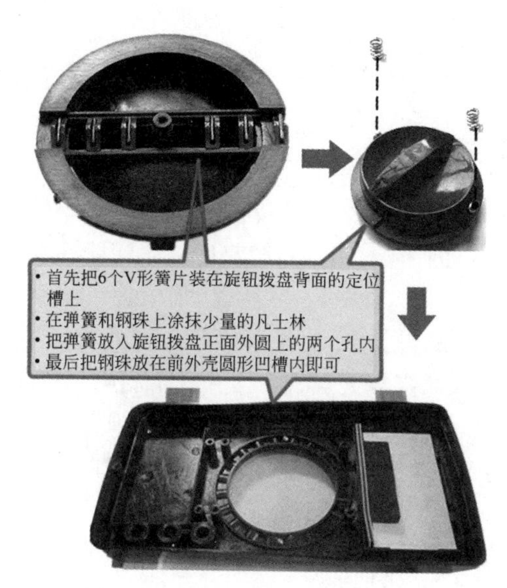

• 首先把6个V形簧片装在旋钮拨盘背面的定位槽上
• 在弹簧和钢珠上涂抹少量的凡士林
• 把弹簧放入旋钮拨盘正面外圆上的两个孔内
• 最后把钢珠放在前外壳圆形凹槽内即可

图 2-18 拨盘旋钮和钢珠的安装

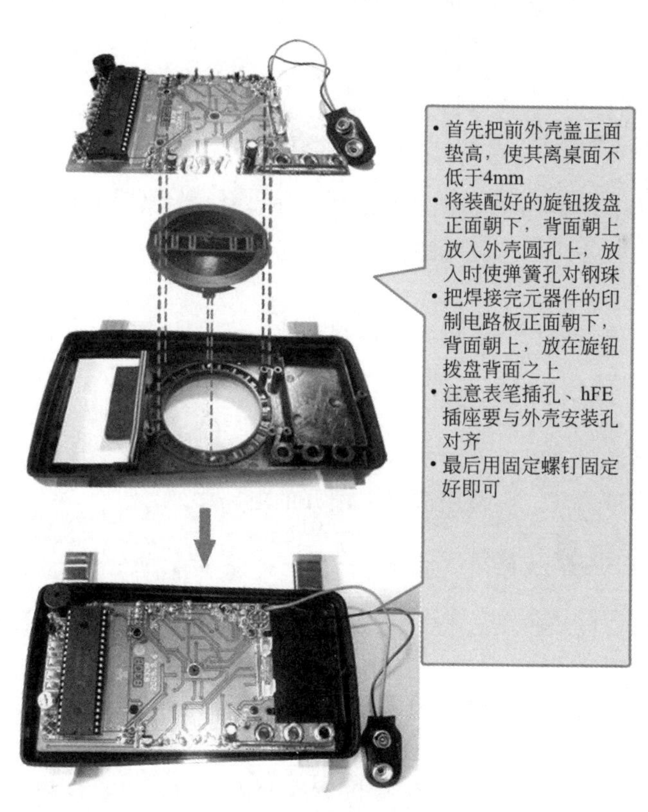

• 首先把前外壳盖正面垫高，使其离桌面不低于4mm
• 将装配好的旋钮拨盘正面朝下，背面朝上放入外壳圆孔上，放入时使弹簧孔对钢珠
• 把焊接完元器件的印制电路板正面朝下，背面朝上，放在旋钮拨盘背面之上
• 注意表笔插孔、hFE插座要与外壳安装孔对齐
• 最后用固定螺钉固定好即可

图 2-19 整机的安装

二、万用表保养技巧

（一）正常使用技巧

万用表使用中会由于自身操作及环境问题导致仪器产生一定的故障，对于用户的正常使用会造成一定的影响。以数字万用表为例，大致可分为以下几种方法。

1. 感觉法

（1）凭借感官直接对故障原因做出判断，通过外观检查，能发现如断线、脱焊、搭线短路、熔丝管断、烧坏元器件、机械性损伤、印刷电路板上的铜箔翘起及断裂等。

（2）可以触摸出电池、电阻、晶体管、集成电路的温升情况，可参照电路图找出温升异常的原因。

（3）用手还可检查元器件有否松动、集成电路引脚是否插牢，转换开关是否卡带。

（4）通过听到和嗅到有无异声、异味加以判断。

2. 测电压法

通过测量各关键点的工作电压是否正常，从而快速找出故障点。例如，测 A/D 转换器的工作电压、基准电压等。

3. 测元器件法

当故障已缩小到某处或几个元器件时，可对其进行在线或离线测量。必要时，用好的元器件进行替换，若故障消失，说明元器件已坏。

4. 短路法

短路法在修理弱电和微电仪器时用得较多，例如检查 A/D 转换器方法里一般都采用短路法。

5. 断路法

断路法主要适合于电路存在短路的情况，即将可疑部分从整机或单元电路中断开，若此时故障消失，则说明故障在断开的电路中。

（二）正常保养技巧

万用表为精密电子仪器，特别是数字万用表，不要随意更换线路，正常的保养应注意如下事项。

① 清洁仪表只能使用湿布和少量洗涤剂，切忌用化学溶剂擦拭表壳。

② 如发现仪表有任何异常，应立即停止使用并进行检修，不能“带病”测量。

③ 万用表经过长期使用后，应对机械部分进行例行保养，以免机械部分磨损严重后导致出现定位不准，触点接触不良等故障。

具体的保养方法是，购买专用的电气开关润滑脂涂刷在旋钮的铜箔上，如图

2-20、图 2-21 所示。但要注意，必须使用专用的电气开关润滑脂，严禁用缝纫机油或硅脂等其他润滑脂代替，否则会因带有导电性而增加接触电阻，对万用表造成损坏。

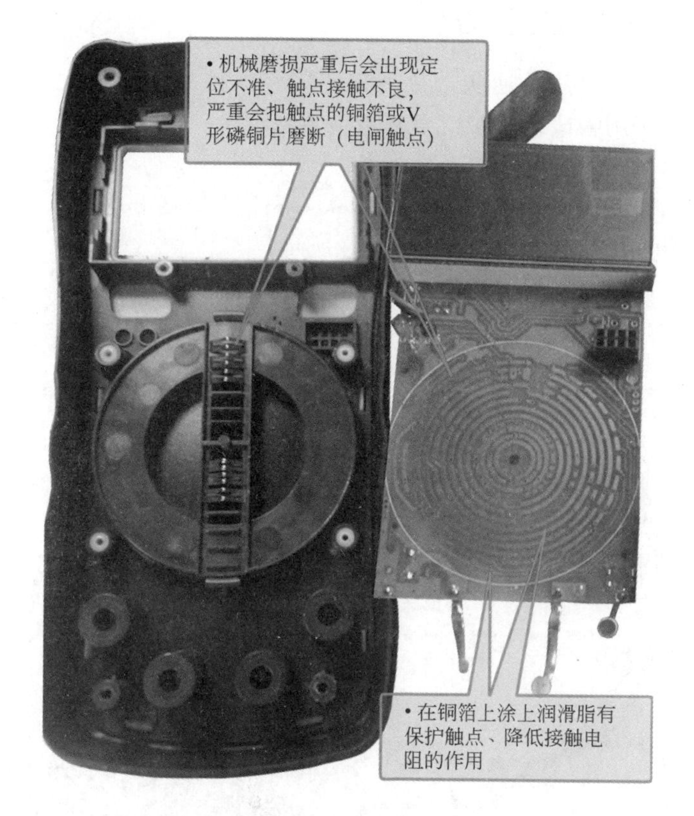

图 2-20　数字万用表机械部分的保养

图 2-21　指针式万用表机械部件的保养

三、万用表改用技巧

(一)万用表改锂电技巧

万用表的电池不耐用是通病，特别是使用蜂鸣挡时电流很大造成电池耗电更快。下面介绍将万用表改装成带充电锂电池方法。

1. 材料准备

改装需要加装升压电路，需要提前准备一只3.7V/2000mA·h锂电池，一块3.7V升9V充电升压板等器件，如图2-22所示。

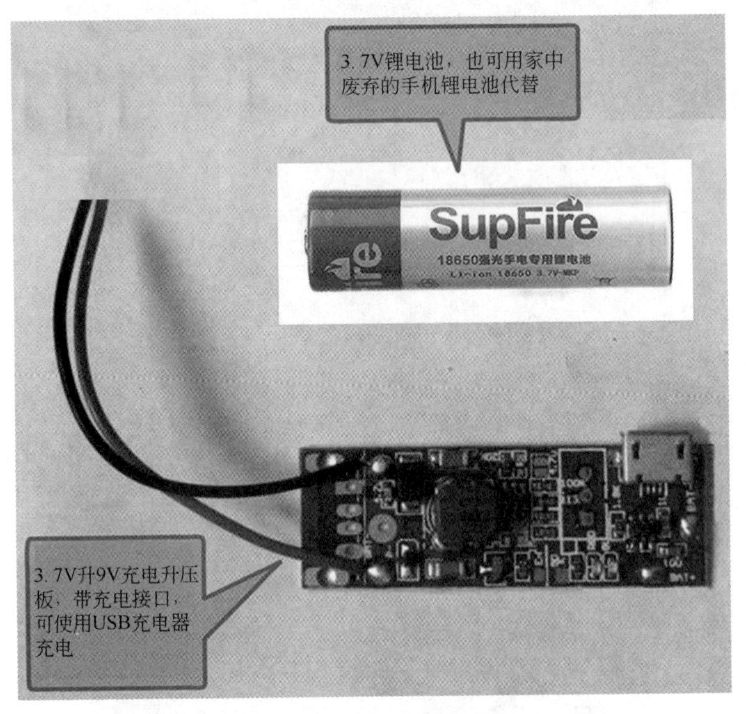

图2-22 改锂电池材料准备

2. 改装方法

首先卸下万用表电池盖，取出原来的9V重叠电池，将升压板的扣帽与原电池扣帽相接，然后用电烙铁将锂电池的正、负分别焊接到升压板的输入端正、负极上，如图2-23所示。

最后，将连接好的电池改装板固定到万用表的电池舱即可。

(二)普通万用表直流电流挡测交流电流的技巧

普通万用表多数都没有交流电流挡，而在实际工作中常常需要测量有些电器的交流电流值，下面介绍普通万用表利用全波整流法测交流电流的方法。

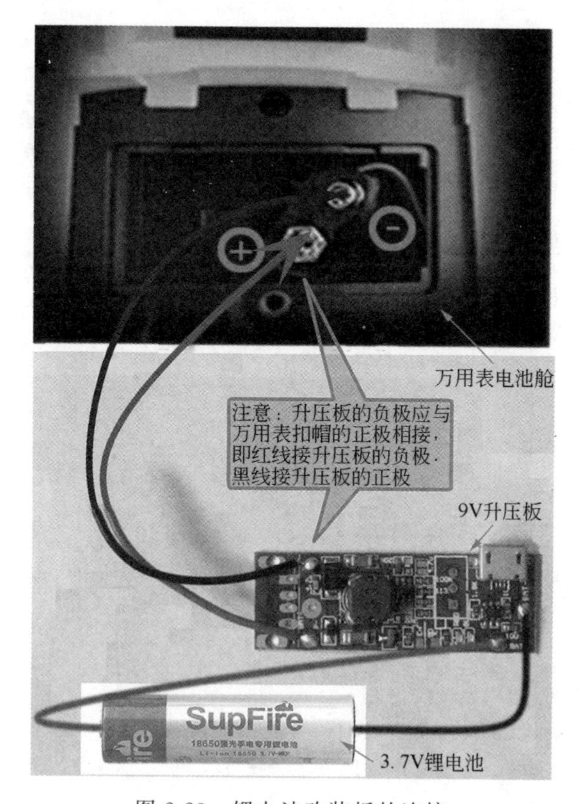

图 2-23　锂电池改装板的连接

首先在万用表前加接一整流桥，如图 2-24 所示，将整流桥的交流输入端串入被测回路，直流输出端极性与万用表的“+”“-”端对应相接，即可从万用表直接读取交流电流的平均值 1，再乘上全披整流的波形因数 1.111，便可得到交流电流的有效值 1，例如，用全波整流法测得的读数为 300mA，则相应的交流电流有效值 $F=280\text{mA}\times1.111=333.3\text{mA}$。

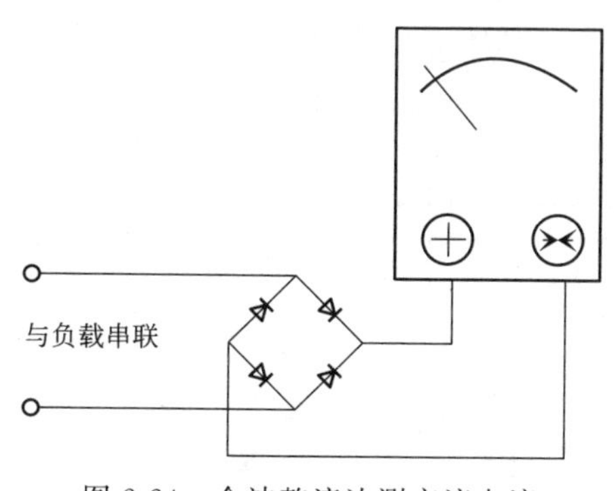

图 2-24　全波整流法测交流电流

（三）数字万用表增加温度测量功能的技巧

将普通数字万用表与一只 LM35D 温度传感器按如图 2-25 所示的方法连接，将数字万用表选择开关置 DC 200mV 挡，即可实现高精度的温度测量功能，扩展了普通数字万用表的使用范围。

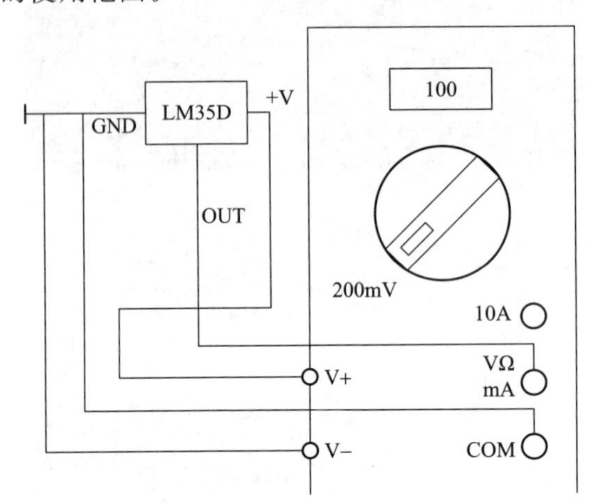

图 2-25　普通数字万用表改制温度测量仪

改制后的普通数字万用表测量温度范围为 0～100℃，温度误差与标准温度计相比不大于±0.5℃，成为一台精密的数显式温度测量仪。

（四）巧改万用表表笔

在维修电扇、空调等电器时，为了判断启动电容器的好坏，需要把电容器拆下，插入数字万用表电容测量挡专用插孔，非常不方便。下面介绍用黑红导线、铜片、圆珠笔芯和笔杆改制成专用测电容的万用表表笔，改制后不仅能方便地检测电容器，把插片换成香蕉插头还能代替普通万用表表笔，把笔芯笔杆换成鳄鱼夹还能解放双手，适合需要动态数据测量的地方。

① 先可用碱水洗去笔芯剩余墨油，用焊锡膏助焊。

② 把导线与铜片焊牢，如图 2-26 所示，折弯成插片状，使之能顺利插入万用表电容插座。

③ 只要断开电容器的一个引脚便可对其进行检测。

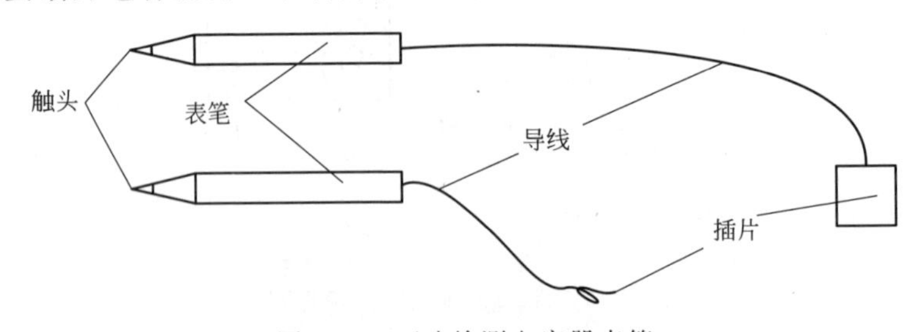

图 2-26　巧改检测电容器表笔

第三讲 职业化学习课内训练

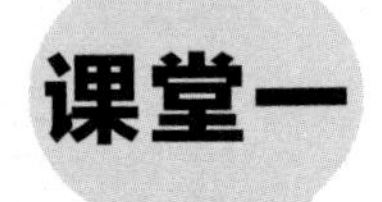

工作原理

一、指针式万用表工作原理

指针式万用表的基本工作原理是利用一只灵敏的磁电式直流电流表（微安表）做表头。当微小电流通过表头，就会有电流指示。但表头不能通过大电流，因此必须在表头上并联与串联一些电阻进行分流或降压，从而测出电路中的电流、电压和电阻。下面以 MF-47 型万用表为例，介绍指针式万用表的工作原理。MF-47 型万用表的工作原理图如图 3-1 所示（图纸中凡电阻阻值未注明者为 Ω，功率未注明者为 1/4W）。

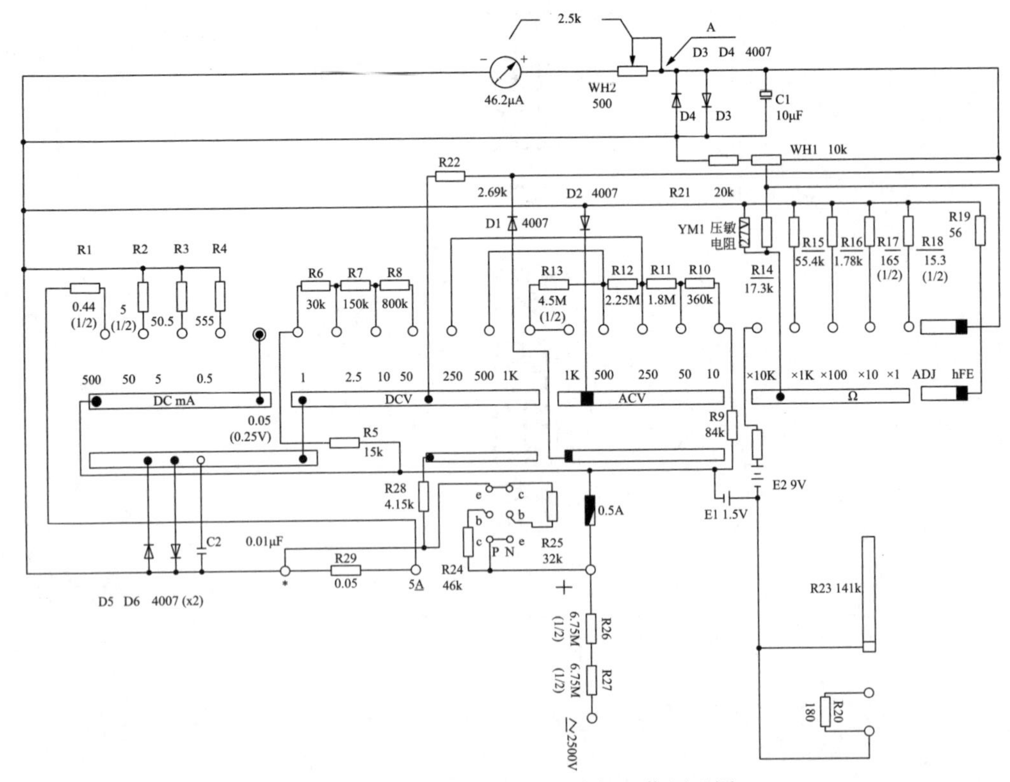

图 3-1 MF-47 指针式万用表的工作原理图

（一）直流电流的测量原理

万用表的直流电流挡，实质上是一个多量程的磁电式直流电流表，它应用分流电阻与表头并联以达到扩大测量的电流量程。根据分流电阻值越小，所得的测量量程越大的原理，配以不同的分流电阻，构成相应的测量量程。直流电流测量的原理如图 3-2 所示，在电路中，各分流电阻彼此串联，然后与表头并联，形成一个闭合环路，当转换开关置于不同位置时，表头所用的分流电阻不同，构成不同量程的挡位。

（二）直流电压的测量原理

万用表的直流电压挡，实质上是一个多量程的直流电压表，它应用分压电阻与表头串联来扩大测量电压的量程，如图 3-3 所示，根据分压电阻值越大，所得的测量量程越大的原理，通过配以不同的分压电阻，构成相应的电压测量量程。

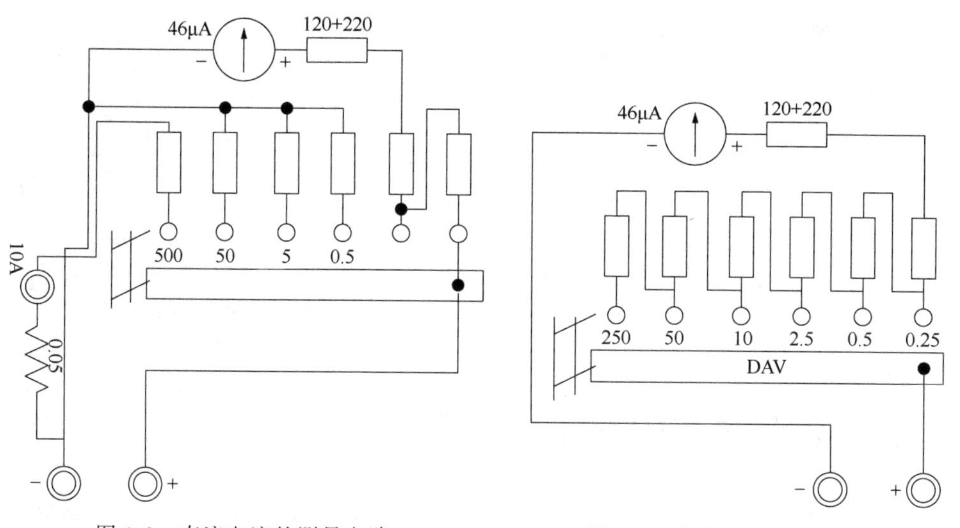

图 3-2 直流电流的测量电路

图 3-3 直流电压的测量电路

（三）交流电流、电压的测量原理

万用表通常采用的是半波整流测量电路，整流元器件一般都采用二极管，如图 3-4 所示为交流电流、电压的测量原理图。测量交流电压和电流时，采用整流电路将输入的交流，变成直流，实现对交流的测量。

（四）电阻的测量原理

FM-47 型指针式万用表电阻的测量电路如图 3-5 所示，其原理根据欧姆定律

$$I=\frac{E}{R+R_a+R_x}$$

式中 I——被测电路的电流；

R——串联电阻；

R_a——表头内阻；

R_x——被测电阻；

E——电源的电压。

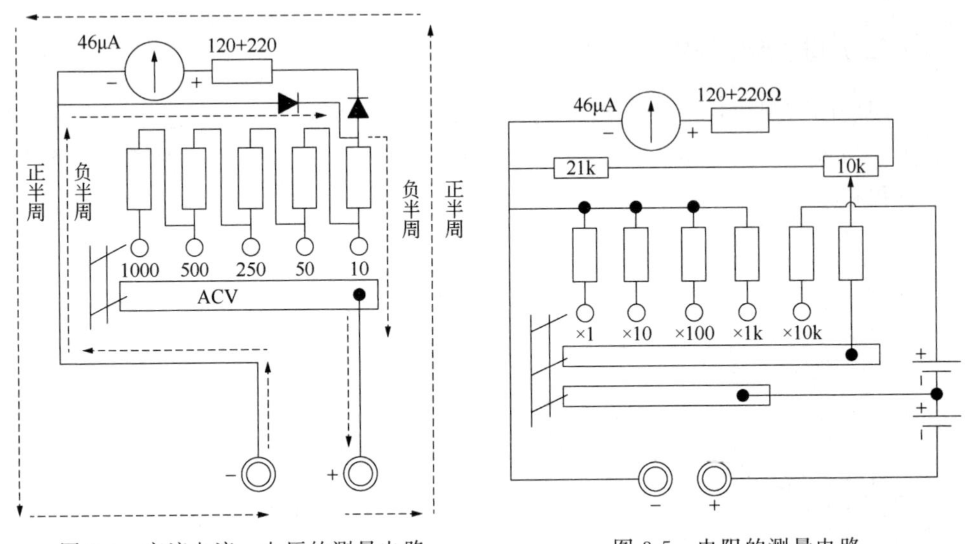

图 3-4 交流电流、电压的测量电路

图 3-5 电阻的测量电路

二、数字式万用表工作原理

数字万用表主要是由输入与变换部分、A/D 转换器部分、显示部分等组成，如图 3-6 所示，为数字万用表结构框图。输入与变换部分，主要通过电流/电压转换器、交/直流转换器（AC/DC）、电阻/电压转换器（R/V）；电容/电压转换器（CN）将各测量转换成直流电压量，再通过量程旋转开关，经放大或衰减电路送入 A/D 转换器后进行测量。A/D 转换器电路与显示部分由主芯片 ICL7106 和 LCD 构成。

不难看出，数字万用表是以直流 200mV 作基本量程，配接与之成线性变换的直流电压、电流；交流电压、电流，欧姆、电容变换器即能将各自对应的电参量用数字显示出来。下面以 DT9205 数字万用表为例，介绍数字数字万用表的功能电路及工作原理。

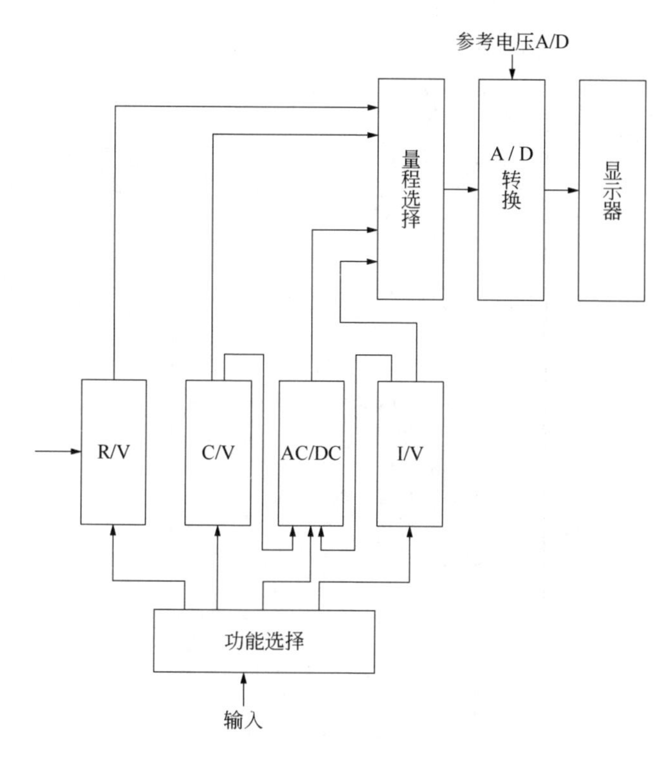

图 3-6 数字万用表结构框图

（一）电阻测量电路及小数点显示电路工作原理

电阻测量电路及小数点显示电路如图 3-7 所示，是采用比例法测量电阻，具体工作过程如下：

① 被测电阻 R_x 和基准电阻串联起来接在 V+ 和 COM 之间，$U_{in}=V+R_x/(R+R_x)$。测量挡位确定后，R 确定，则 R_x 越大，U_{in}也越大。

② 挡位从 200Ω～20MΩ 变化时，相应的 R 值也增大，通过计算可以看出能保证 R_x 上的分压不会超出一定的值，使各个量程保持平衡。

③ 主芯片 ICL7106 只有液晶笔端和背电极驱动端，为了显示小数点，利用运放 OP1 构成反相放大器形成小数点显示电路，使得 ICL7106 去 LCD 的背电极 BP 点的脉冲信号（50Hz 的方波，占空比位 50%，保证交流电压有效值为 0，延长 LCD 的使用时间）和相应去每个小数点 BP2、BP20、BP200 的脉冲信号反向，根据液晶的显示原理，此时正好点亮相应的小数点。

（二）直流电压测量电路工作原理

直流电压测量采用电阻分压器法测量电压，整个电路的核心部分就是主芯片 ICL7106 组成的一个量程为 200mV 的电压表，如图 3-8 所示。输入的直流电压通

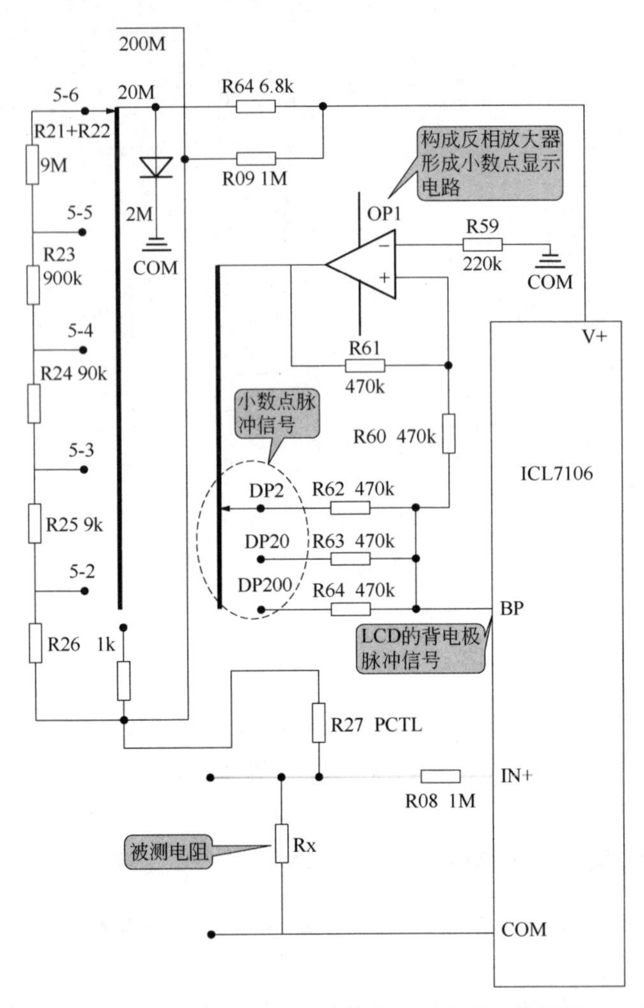

图 3-7　电阻测量电路及小数点显示电路工作原理

过分压和转换开关将各个量程电压均变成为 0～200mV 直流电压，最后送入 A/D 转换电路去显示。

测量值越大，则分压送入主芯片 ICL7106 的输入端的电压越大。挡位从 200mV～1000V 变化时，相应的挡位电阻减少，通过计算可以看出能保证去主芯片的输入端电压不会超出一定值 200mV，这样可以使各个量程保持平衡。另外，出于电气安全考虑，1000V 量程的后半段（1001～1999V）不推荐使用。

（三）交流电压测量工作原理

交流电压输入端的测量原理同直流电压测量电路，只是它相应的开关组合变为 8-1～8-4，输出要经 H 点送入 AC/DC 转换电路，G 输出是交流电压的平均值，如图 3-9 所示。

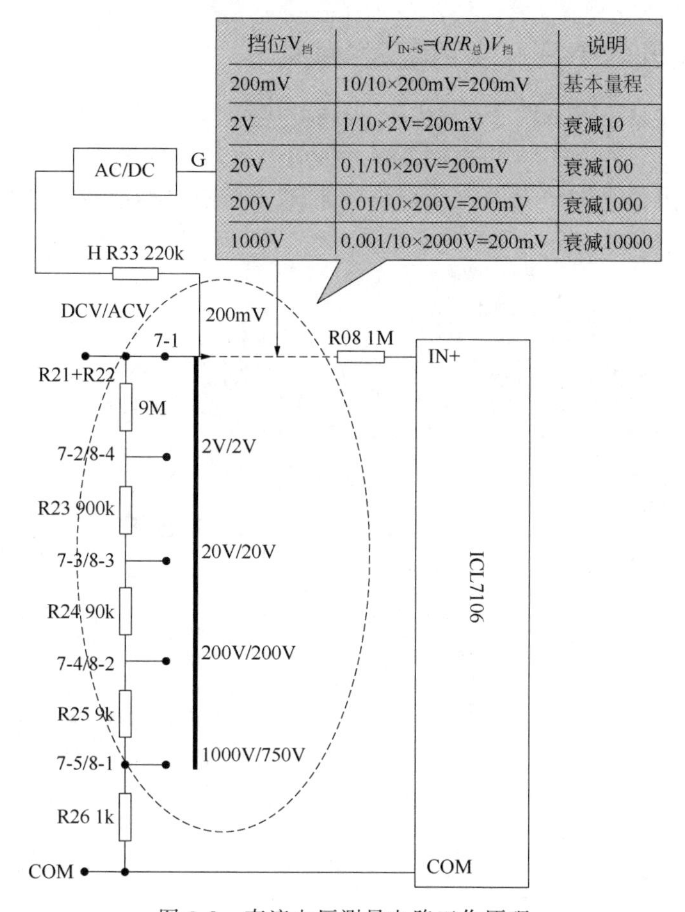

挡位$V_{挡}$	$V_{IN+S}=(R/R_{总})V_{挡}$	说明
200mV	10/10×200mV=200mV	基本量程
2V	1/10×2V=200mV	衰减10
20V	0.1/10×20V=200mV	衰减100
200V	0.01/10×200V=200mV	衰减1000
1000V	0.001/10×2000V=200mV	衰减10000

图 3-8 直流电压测量电路工作原理

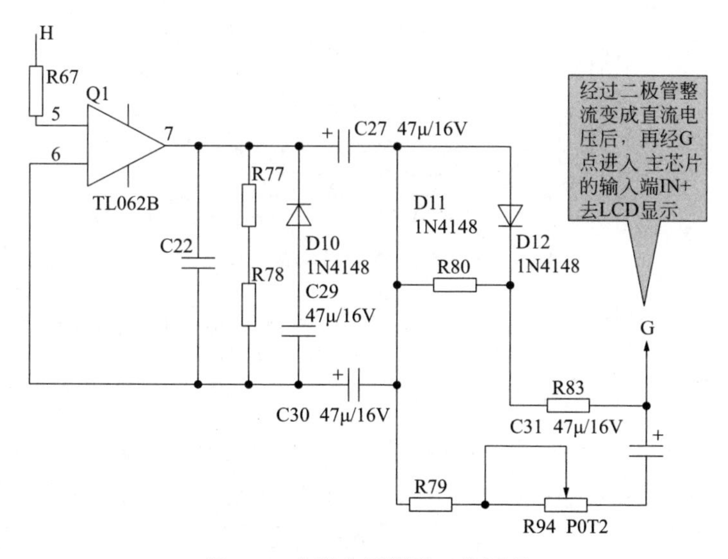

图 3-9 交流电压测量工作原理

（四）交/直流电流测量电路工作原理

直流电流测量电路如图 3-10 所示。当被测直流电流通过电阻时，产生相应的电压降，送入主芯片 ICL7106 的输入端。被测电流越大则电压降越大，挡位越大，对应的挡位电阻越小，最大电流乘以挡位电阻均相同，保证相应的电压降不会超出一定值 200mV。

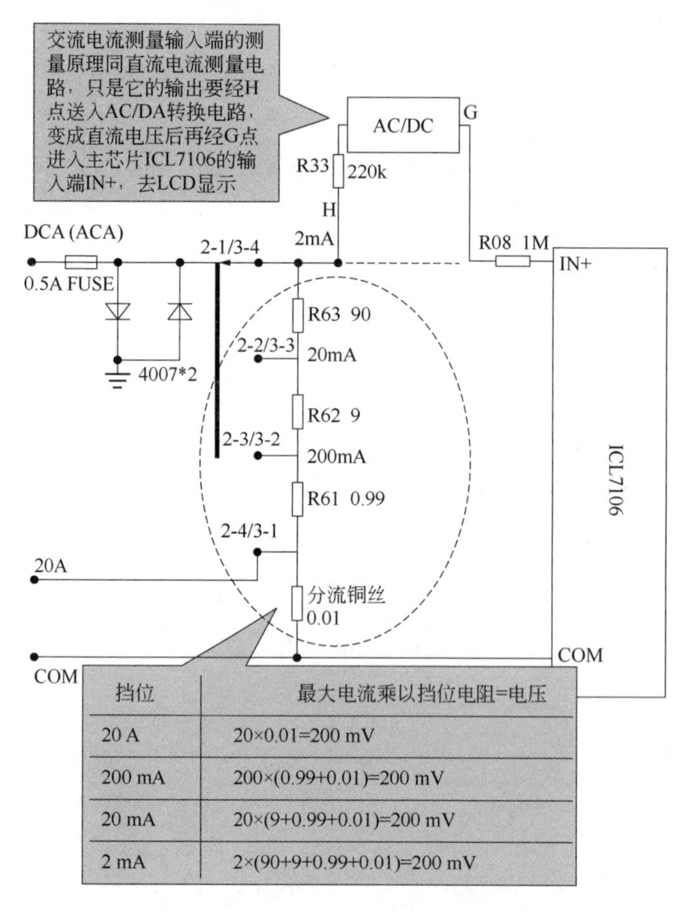

挡位	最大电流乘以挡位电阻=电压
20 A	20×0.01=200 mV
200 mA	200×(0.99+0.01)=200 mV
20 mA	20×(9+0.99+0.01)=200 mV
2 mA	2×(90+9+0.99+0.01)=200 mV

图 3-10　直流电流测量电路工作原理

交/直流的 20A 挡通过一个 0.01Ω 粗的铜导线分流，以免大电流烧坏电路。

（五）电容测量电路工作原理

电容测量一般采用容抗法，如图 3-11 所示。该电路的具体工作原理如下：

① A1 与电阻 R51、电容 C14 组成文式电桥振荡器，其振荡频率为 400Hz。

② A2 组成反向放大器，电路中的 VR3 为电容挡的校准电位器，此部分电路还起着隔离振荡电路和被测电容的作用。

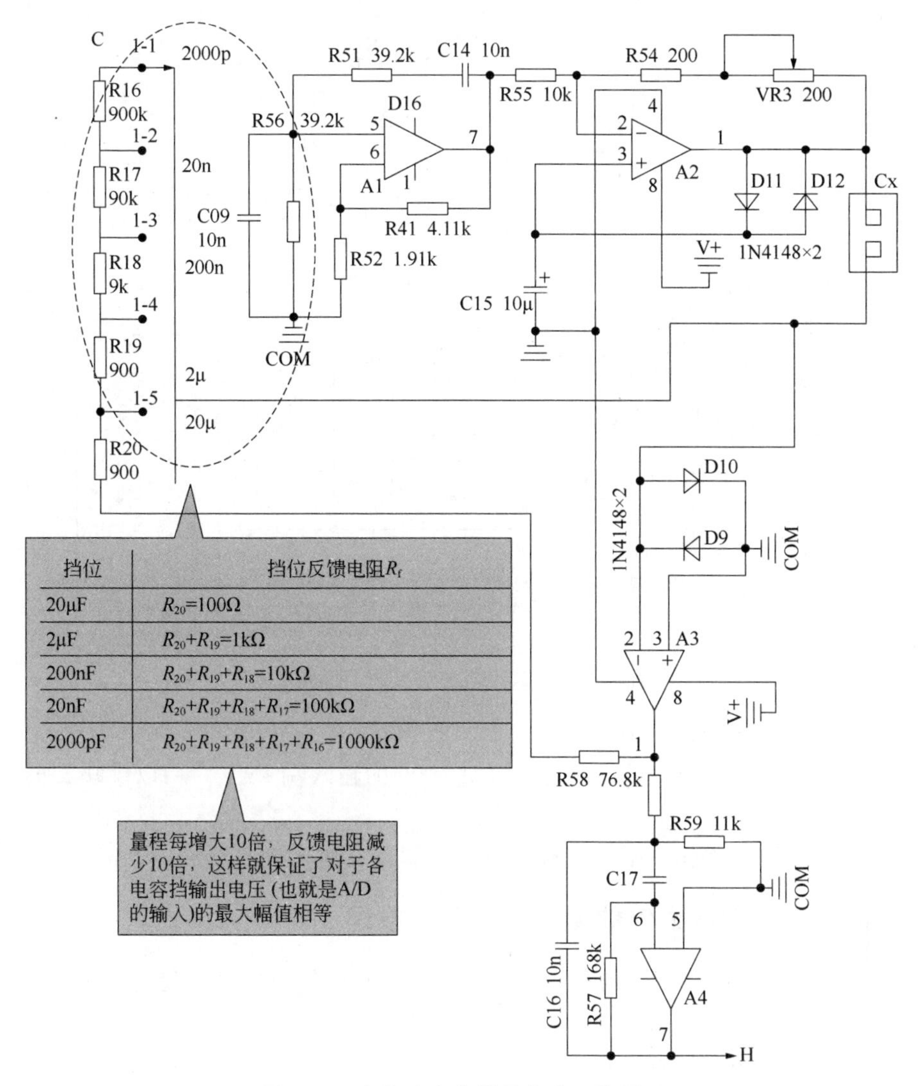

挡位	挡位反馈电阻R_f
20μF	R_{20}=100Ω
2μF	$R_{20}+R_{19}$=1kΩ
200nF	$R_{20}+R_{19}+R_{18}$=10kΩ
20nF	$R_{20}+R_{19}+R_{18}+R_{17}$=100kΩ
2000pF	$R_{20}+R_{19}+R_{18}+R_{17}+R_{16}$=1000kΩ

图 3-11　容抗法电容测量电路工作原理

③ A3 是 C/AC V 转换电路，A3 的输出信号正比等于挡位电阻 Rf 被测电容 Cx 的乘积。

④ 电容挡确定后，A3 的输出电压与被测电容 Cx 成正比。

⑤ A4 与电阻 R58、R59 组成有源带通滤波器，只允许 400Hz 的信号通过，这样 A4 的输出交流电压的幅值与被测电容 Cx 成正比，再经 H 点送入 AC/DA 转换电路，变成直流电压经 G 点进入主芯片 ICL7106 的输入端 IN＋，最后送入 LCD 显示。

（六）二极管挡测量电路工作原理

二极管挡测量电路如图 3-12 所示。具体工作原理如下：

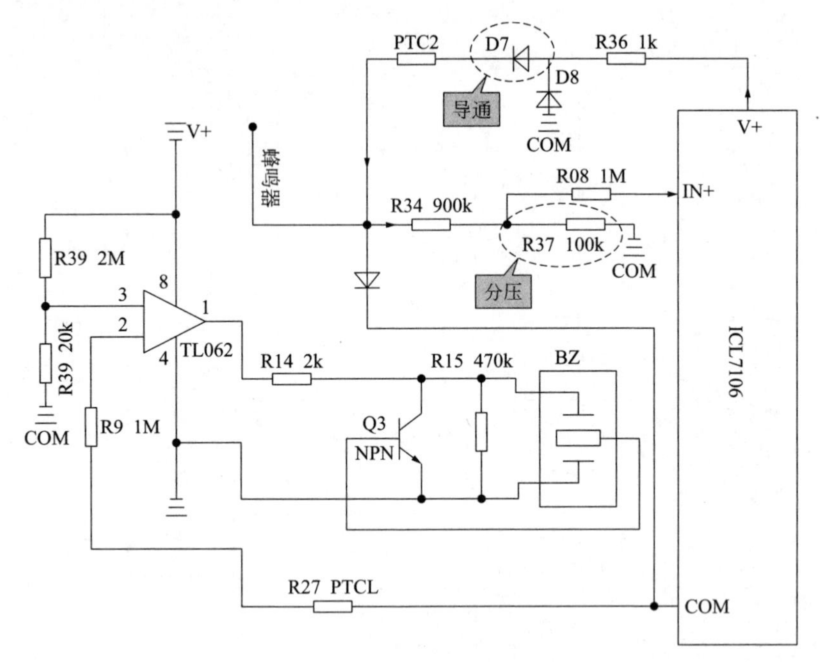

图 3-12 二极管挡测量电路工作原理

① 电压 V＋使二极管导通。

② 通过 R37 上的分压送入主芯片 ICL7106 的输入端 IN＋，用以反映二极管的导通电压。

③ 当待测两点之间的阻值接近 0 时，控制运放使蜂鸣器发声。

（七）三极管放大倍数测量电路工作原理

三极管放大倍数测量电路如图 3-13 所示。测试时不论 PNP 管还是 NPN 管均能处于放大状态，将 e（NPN 管）或 c（PNP 管）点的电压送入主芯片 ICL7106 的输入端 IN＋，用以反映三极管的放大倍数。

（八）电源供电路工作原理

电源供电电路如图 3-14 所示。具体工作原理如下：

① COM 是数字地，电位在 6V 左右。

② V－是模拟地（OV），V＋是 9V。

③ 电源开关关闭时，9V 电池给电容 C32 充电至 9V。

④ 电源电路中的运放构成比较器，开关接通后，C32 缓慢地放电，此时比较器输出低电平，三极管 Q5、Q6 导通，提供正常的 V＋和 COM 电位。

⑤ 一旦 C32 放电到一定程度，比较器输出高电平，Q5、Q6 截止，万用表无法得到正常的 V＋和 COM 电位，则自动关机，实现了开机 15min 后自动关机的功能，解决了忘记关电源的问题。

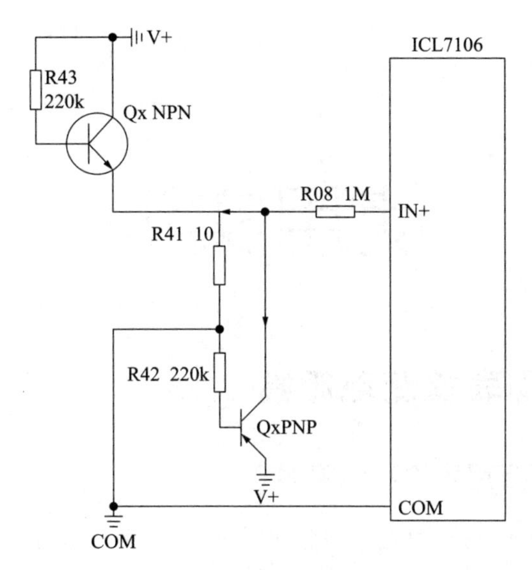

图 3-13 三极管放大倍数测量电路工作原理

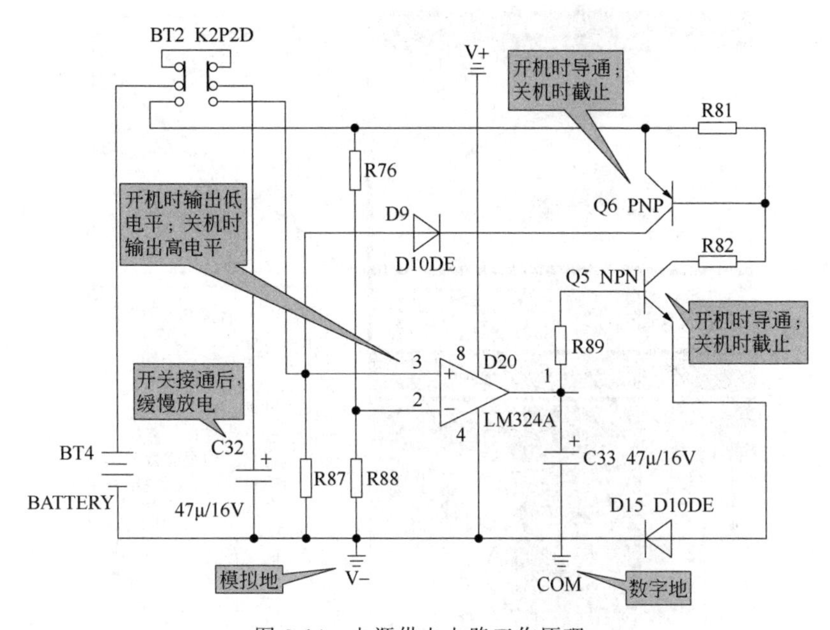

图 3-14 电源供电电路工作原理

课堂二

使用实训

一、用万用表检测电阻器

（一）指针式万用表检测电阻器

用指针式万用表检测电阻器的方法分为四个步骤，即初步估计性测量，选择合适的倍率挡；欧姆调零；测量；读数。具体操作方法如图 3-15 和图 3-16 所示。

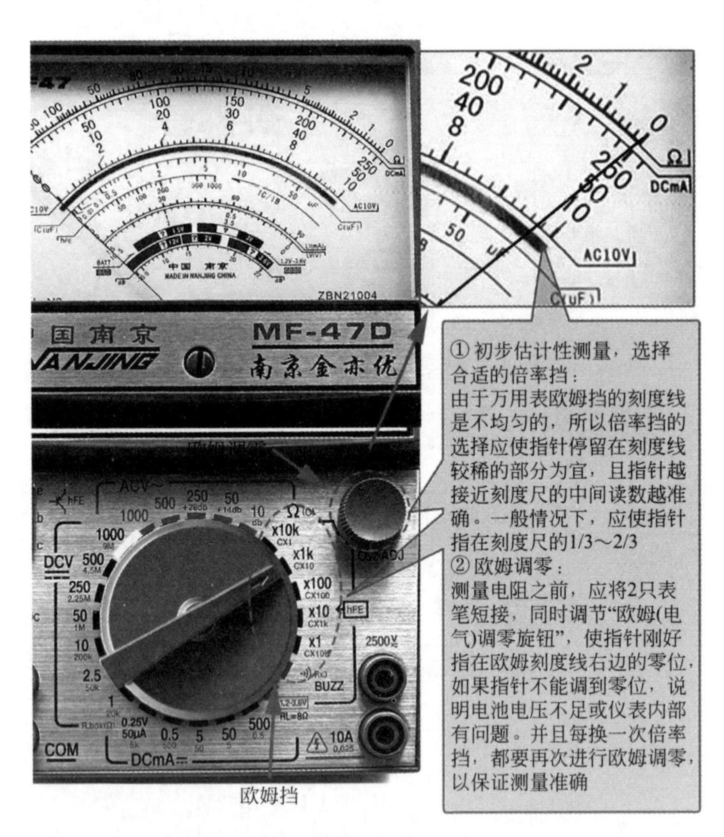

图 3-15　指针式万用表检测电阻器操作方法示图（一）

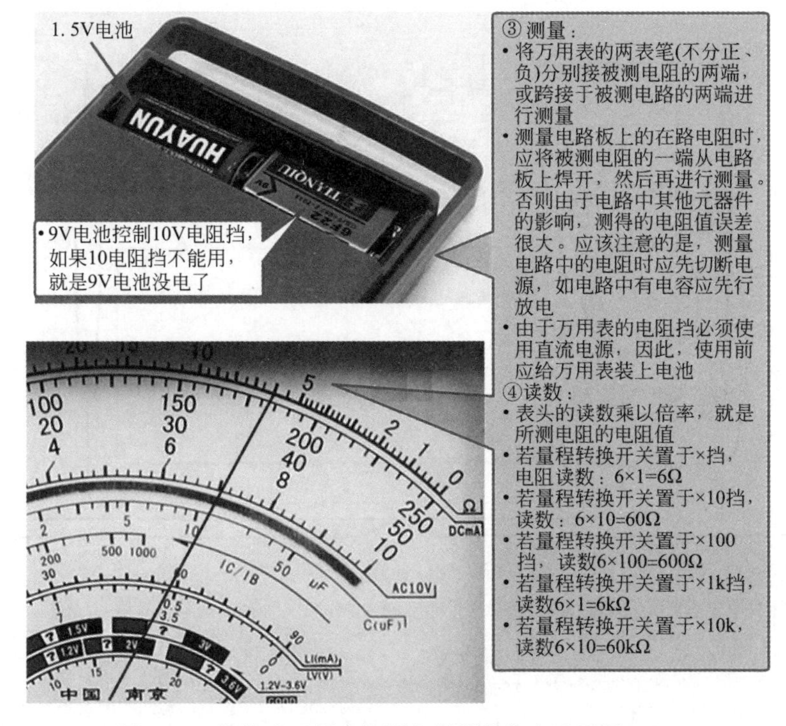

图 3-16 指针式万用表检测电阻器操作方法示图（二）

对于可调电阻，应先用万用表测两个固定引脚间的阻值等于标称值，再分别测固定引脚与可调引脚间的阻值，若两个阻值之和等于标称值，则说明该电阻正常；若阻值大于标称值或不稳定，则说明该电阻变值或接触不良。实际中，可调电阻氧化是接触不良和阻值不稳定的主要原因。

用万用表检测热敏电阻时不仅需要在室温状态下测量，还要在确认室温阻值正常后为其加热，检测它的热敏性能是否正常。测量热敏电阻的冷态阻值正常，再用电烙铁为热敏电阻加热后若阻值减小（负温度系数热敏电阻）或增大（正温度系数热敏电阻），说明热敏电阻正常，否则说明热敏电阻的热敏性能下降。

（二）数字万用表检测电阻器

采用数字万用表测量电阻方法如图 3-17 所示。测量之前先断开电路电源并将所有高压电容器放电，以防止在测试时损坏万用表或设备。

二、用万用表检测电容器

（一）指针式万用表检测电容器

用指针式万用表的电阻挡检测电容器的阻值，从而可以判断它是否正常。下

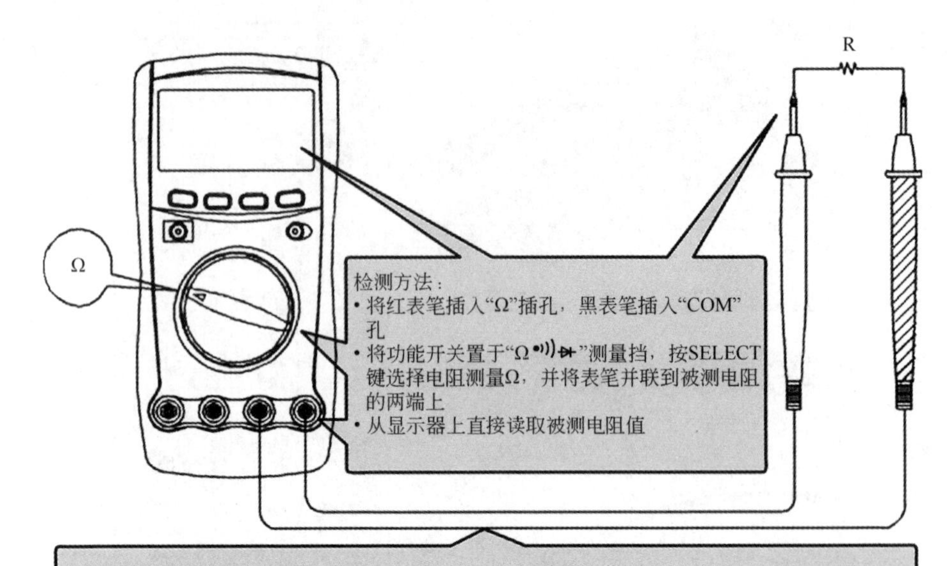

检测技巧及注意事项：

- 如果被测电阻开路或阻值超过仪表最大量程时，显示器将显示“0L”或数字“1”
- 当测量在线电阻时，在测量前必须先将被测电路内所有电源关断，并将所有电容器放尽残余电荷。才能保证测量正确
- 在低阻测量时，表笔会带来0.1～0.2Ω电阻的测量误差。为获得精确读数可以利用相对测量功能，首先短路输入表笔再按RELΔ键，待仪表自动减去表笔短路显示值后再进行低阻测量
- 如果表笔短路时的电阻值不小于0.5Ω时，应检查表笔是否有松脱现象或其他原因
- 测量1MΩ以上的电阻时，可能需要几秒后读数才会稳定。这对于高阻的测量属正常。为了获得稳定读数尽量选用短的测试线
- 不要输入高于直流60V或交流30V以上的电压，避免伤害人身安全
- 在完成所有的测量操作后，要断开表笔与被测电路的连接

图 3-17　数字万用表检测电阻器操作方法示图

面介绍用指针式万用表检测固定电容器、电解电容器和可调电容器的方法。

1. 固定电容器的检测

对于 0.01μF 以上的固定电容器，可用指针式万用表 $R\times10$ 挡直接测试电容器有无充电过程以及有无内部短路或漏电，并可根据指针向右摆动的幅度大小估计出电容器的容量。测试方法如图 3-18 所示。

检测 10pF 以下的小电容器，因电容器的容量太小，用万用表进行测量，只能检查其是否有漏电、内部短路或击穿现象。测试方法如图 3-19 所示。

2. 电解电容器的检测

电解电容器的容量较一般固定电容器大得多，若被测电容器存储电荷时，应先将存储的电荷放掉，以免损坏万用表或电击伤人。被测电容器存储电荷较多时，可用电烙铁的插头碰触电容器的引脚，利用电烙铁的内阻将电压释放掉，这样可减少放电流；若电容器存储的电荷较小，可用万用表表笔或螺钉旋具的金属部位短接电容的两个引脚，将存储的电荷直接放掉。

检测方法：
① 若表笔接通瞬间，万用表的指针应向右微小摆动，然后又回到无穷大处，调换表笔后，再次测量，指针也应该向右摆动后返回无穷大处，可以判断该电容器正常
② 若表笔接通瞬间，万用表的指针摆动至“0”附近，可以判断该电容器被击穿或严重漏电
③ 若表笔接通瞬间，指针摆动后不再回至无穷大处，可判断该电容器漏电
④ 若两次万用表指针均不摆动，可以判断该电容器已开路

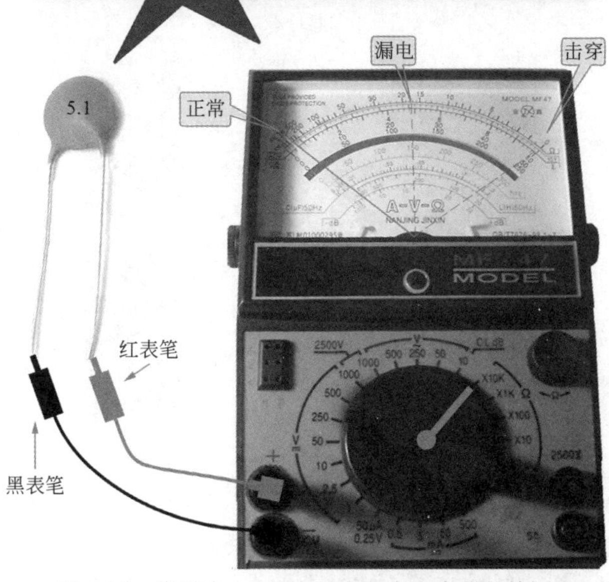

图 3-18　容量在 0.01μF 以上固定电容器的检测

检测方法：
① 测量时选用万用表R×10k挡
② 将两表笔分别任意接电容器的两个引脚，阻值应为无穷大
③ 如果测出阻值为零，可以判定该电容器漏电损坏或内部击穿

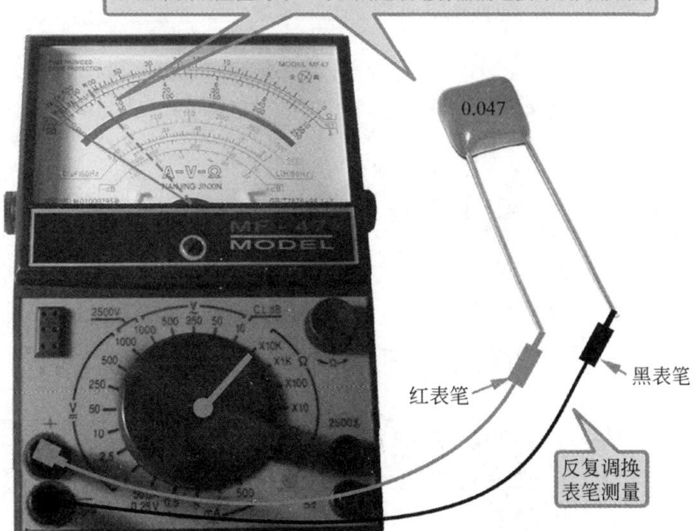

图 3-19　容量在 10pF 以下电容器的检测

将电解电容器充分放电后，就可使用指针式万用表测量它的正、反向绝缘电阻值来判断电解电容器的性能。检测方法如图 3-20 所示。

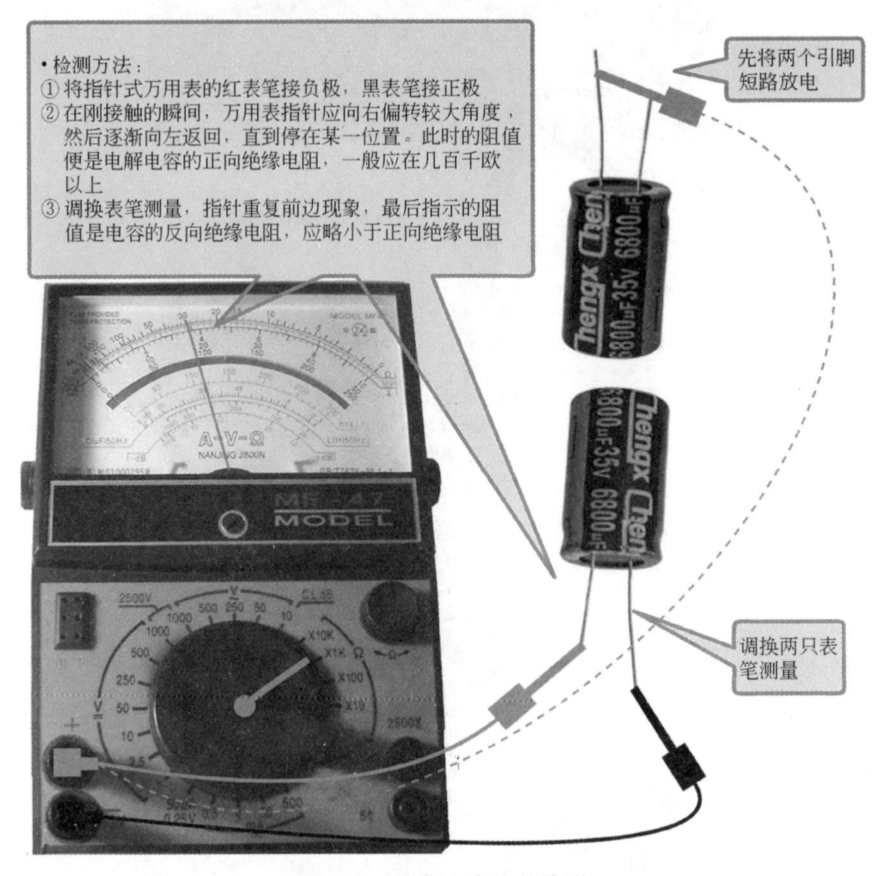

图 3-20　电解电容器的检测

3. 可变电容器的检测

可变电容器的容量通常都较小，主要是检测电容器动片和定片之间是否有短路情况。检测方法如图 3-21 所示。

（二）数字万用表检测电容器

普通数字万用表测量电容器的电容量，并不是所有电容器都可测量，要依据数字万用表的测量挡位来确定。数字万用表的电容挡一般只能测量 20μF 或 200μF 以内的电容器，超过 20μF 或 200μF 的电容器应采用电容表或指针式万用表进行检测。

新型数字型万用表测量电容器的容量时，无需将电容器插入专用的插孔内，而直接用表笔接电容的引脚就可以测量，使测量电容器和测量电阻一样简单，如图 3-22 所示。

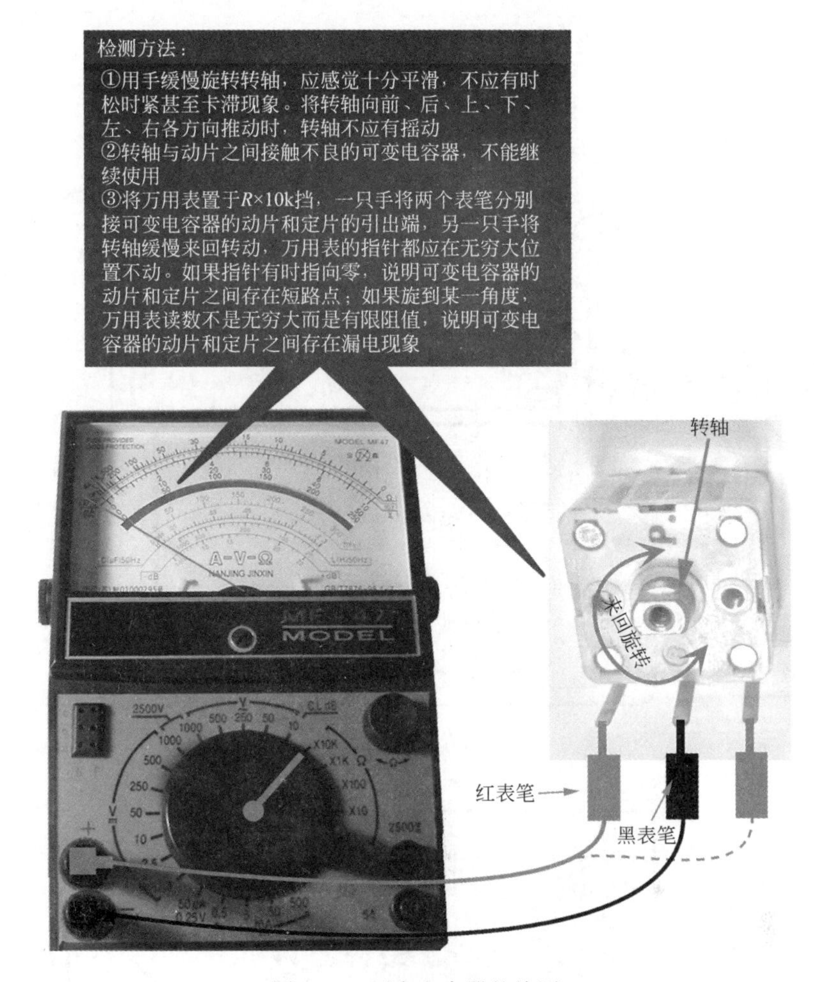

图 3-21　可变电容器的检测

测量大电容读数时要注意，显示屏显示稳定的数值需要一定的时间。另外，检测电容器时应尽可能使用短连接线，以减少分布电容带来的测量误差。

三、用万用表检测电感器

（一）指针式万用表检测电感器

普通的指针式万用表不具备专门测试电感器的挡位，用这种万用表只能大致测量电感器的好坏。具体检测方法如图 3-23 所示。

对于具有金属外壳的电感器，若检测其振荡线圈的外壳（屏蔽罩）与各引脚之间的阻值，不是无穷大，而是有一定电阻值或为零，则说明该电感器存在问题。

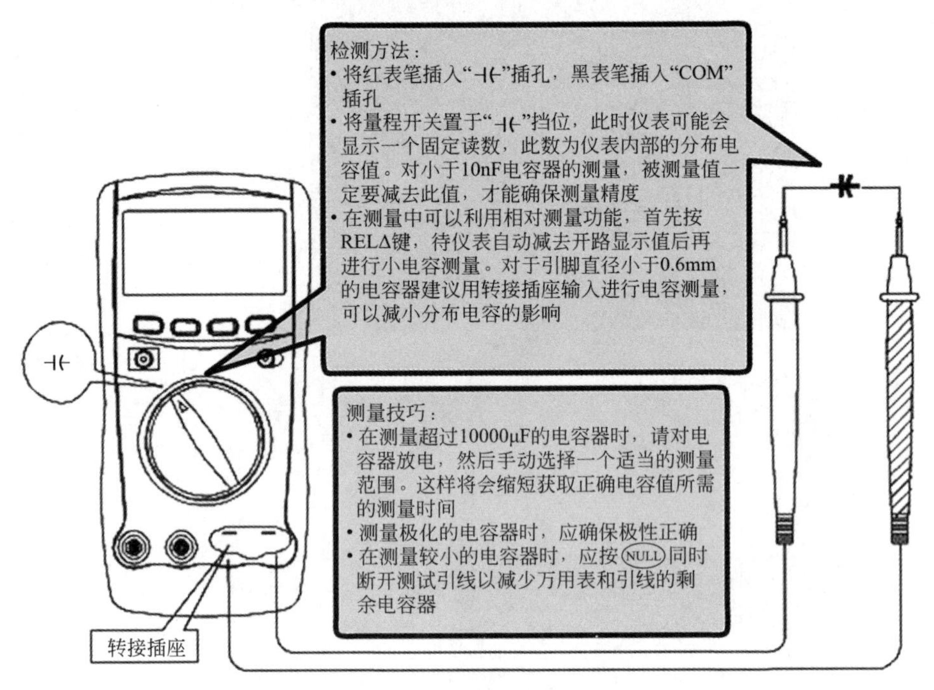

图 3-22　数字万用表检测电容器操作方法示图

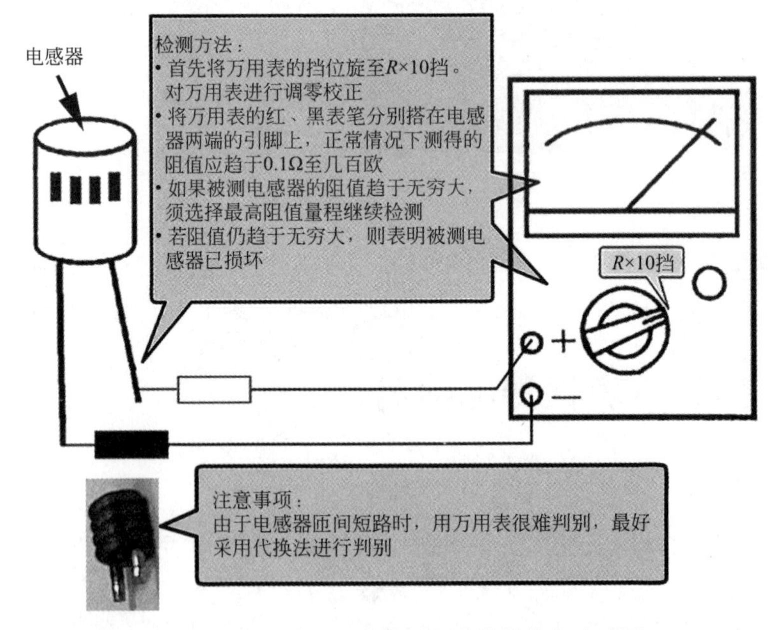

图 3-23　指针式万用表检测电感器操作方法示图

（二）数字万用表检测电感器

采用数字万用表检测电感器的方法如图 3-24 所示。在检测电路板上的电感器时，可先采用在路检测法进行，若发现异常，再焊开一个引脚后进一步检测，确认它是否正常。目前部分数字万用表有专门的电感检测功能，检测电感器时，量程选择很重要，最好选择接近标称电感量的量程去测量，否则，测试的结果将会与实际值有很大的误差。

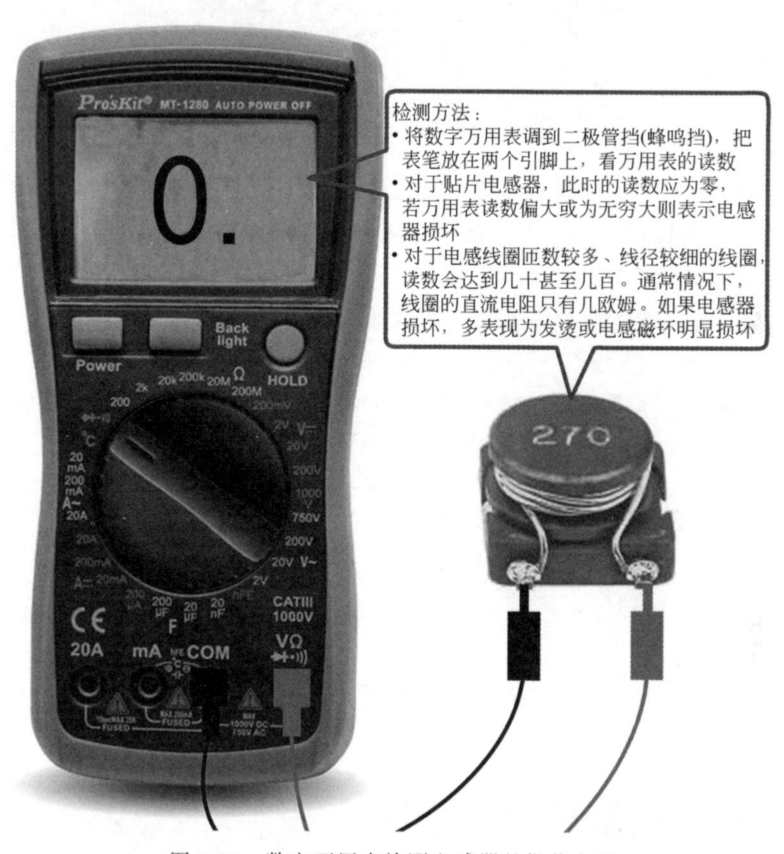

检测方法：
• 将数字万用表调到二极管挡(蜂鸣挡)，把表笔放在两个引脚上，看万用表的读数
• 对于贴片电感器，此时的读数应为零，若万用表读数偏大或为无穷大则表示电感器损坏
• 对于电感线圈匝数较多、线径较细的线圈，读数会达到几十甚至几百。通常情况下，线圈的直流电阻只有几欧姆。如果电感器损坏，多表现为发烫或电感磁环明显损坏
ProsKit MT-1280 AUTO POWER OFF
0.
Back light
Power
HOLD
CATIII 1000V
20A
mA
COM
VΩ
270

图 3-24　数字万用表检测电感器的操作方法

由于电感器属于非标准件，不像电阻器那样可以方便地检测，且在有些电感器上没有任何标注，所以一般要借助图纸上参数标注来识别其电感量。在维修时，一定要用与原来相同规格、参数相近的电感器进行代换。

（三）用万用表检测电源变压器

电源变压器是电路板上用字母“T”标注。它在电路中的主要是起电源电压变换的作用。它若损坏会造成家用电器出现不开机，不显示，指示灯不亮等故障现象。如图 3-25 所示为空调器电路板中的电源变压器实物。

图 3-25 电源变压器

以海尔空调器电源变压器为例，用数字万用表检测电源变压器的操作方法如下。

① 首先用万用表欧姆挡测量电源变压器初级、次级绕组是否断路（正常状态：初级绕组为数百欧，次级绕组为数欧）。

② 测量电源变压器初级、次级绕组匝间短路或绕组对外壳是否短路。如不正常，绕组电阻值将会变小，短路严重时会烧毁熔丝管。

③ 选择 0～50V 挡测量变压器次级绕组抽头端处无 12V 交流电压输出，如无 12V 电压输出，多为变压器初级绕组断。

④ 检测变压器内部 143℃可恢复性过热过电流保护器是否正常。

⑤ 部分电源变压器因制造工艺或质量等原因，经常会出现通电后变压器因内阻大，造成发热严重，初级或次级绕组的电阻值变大，还会在发热或常温下绕组的电阻值比正常器件大，使输出电压和电流明显降低，带负载能力下降，造成供电＋5V 和＋12V 不足，造成电器出现死机现象。

四、用万用表检测二极管

（一）指针式万用表检测二极管

二极管的正负极一般可通过观察外壳上的符号（带有三角形箭头的一端为正极，另一端为负极，或标有色点的一端为正极，标有色环的一端为负极）或玻璃壳内的触针（有金属触针的一端为正极）加以判别。也可以通过指针式万用表检测进行判别，通过测量二极管的正、反电阻鉴别普通二极管好坏，检测方法如图 3-26 所示。

采用指针式万用表检测二极管，有非在路检测和在路检测两种方法。非在路检测就是将被测二极管从电路板取下或悬空一个引脚后进行检测，判断它是否正

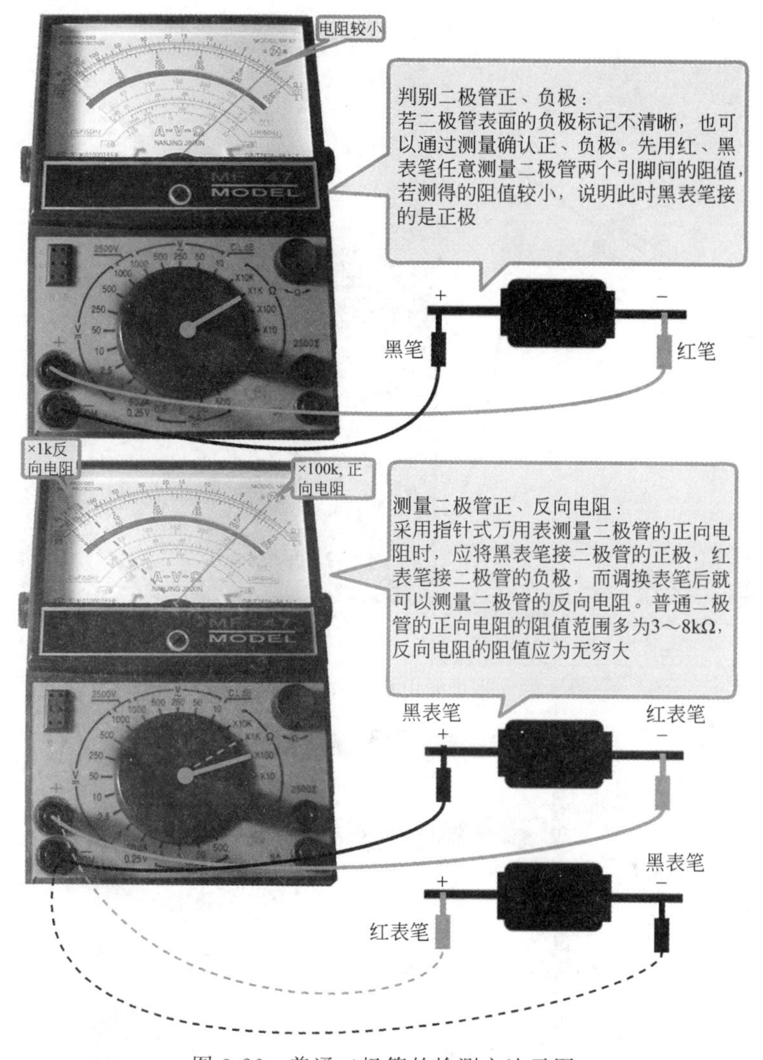

图 3-26 普通二极管的检测方法示图

常的方法；在路检测就是在电路板上直接对它进行检测，判断它是否正常的方法。如测得正向阻值过大或为无穷大，说明二极管导通电阻大或开路；如测得反向电阻值过小或为 0，说明二极管漏电或击穿。

稳压二极管常见的故障现象是开路、击穿和稳压值不稳定，可用指针式万用表电阻挡进行测量，如图 3-27 所示。

若被测稳压二极管的稳压值高于万用表 $R\times10$k 挡电池电压值（9V 或 15V），则实测的稳压二极管不能被反向击穿导通，也就无法测出该稳压二极管的反向电阻阻值。

新型的指针式万用表具有红外发光二极管检测功能，如图 3-28 所示，可利用红外接收功能检测红外发光二极管。具体操作方法如下：

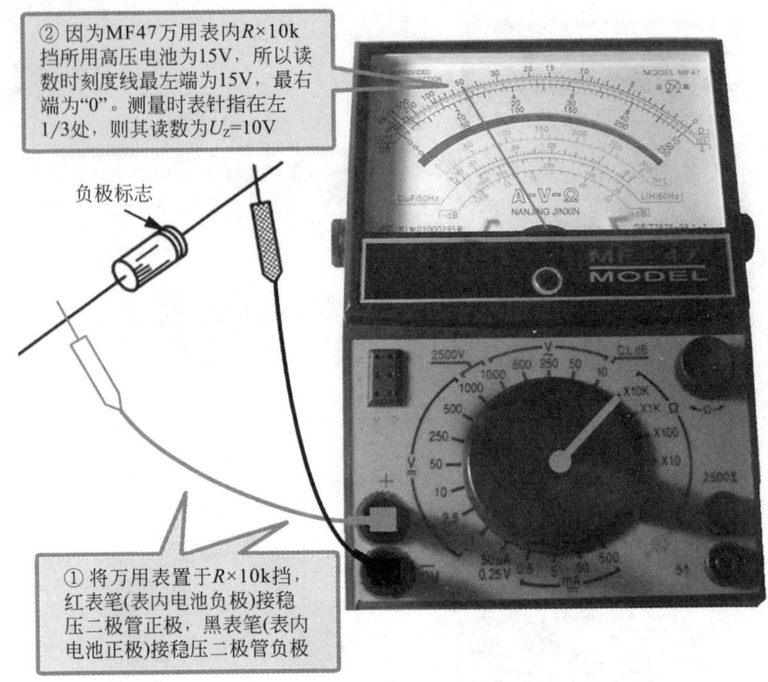

② 因为MF47万用表内R×10k挡所用高压电池为15V，所以读数时刻度线最左端为15V，最右端为“0”。测量时表针指在左1/3处，则其读数为U_Z=10V
负极标志
① 将万用表置于R×10k挡，红表笔(表内电池负极)接稳压二极管正极，黑表笔(表内电池正极)接稳压二极管负极
MF47
MODEL

图 3-27　指针式万用表检测稳压二极管

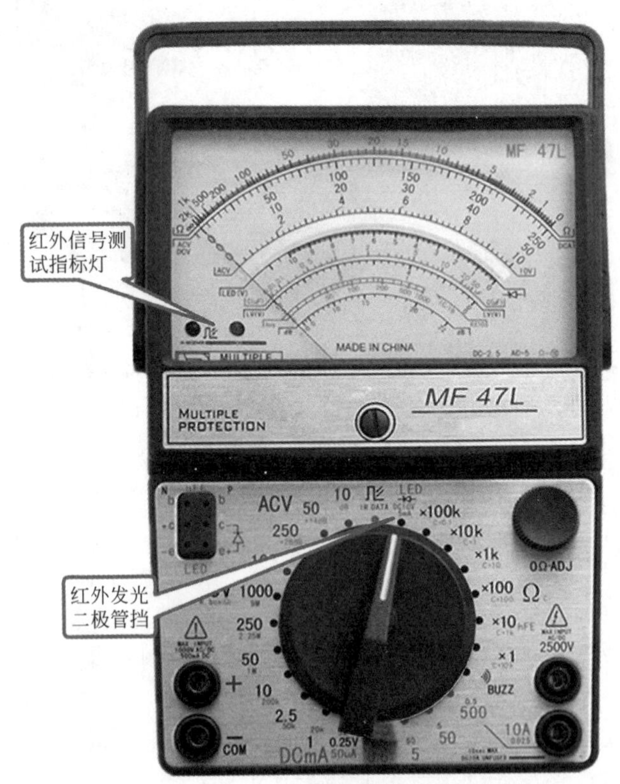

图 3-28　利用红外接收功能检测二极管

① 将该表置于红外发光二极管检测挡位上。

② 将红外发光二极管对准表头上的红外检测管。

③ 把另一块指针式万用表置于 $R\times 1\text{k}$ 挡，用黑表笔接红外发光二极管的正极，用红表笔接它的负极，正常时表头上的红外检测管会闪烁发光。

（二）数字式万用表检测二极管

采用数字万用表检测二极管先应采用二极管挡，将红表笔接二极管的正极，黑表笔接二极管的负极，所测的数值为它的正向导通压降；调换表笔后就可以测量二极管的反向导通压降，一般为无穷大。数字万用表检测二极管方法如图 3-29 所示。

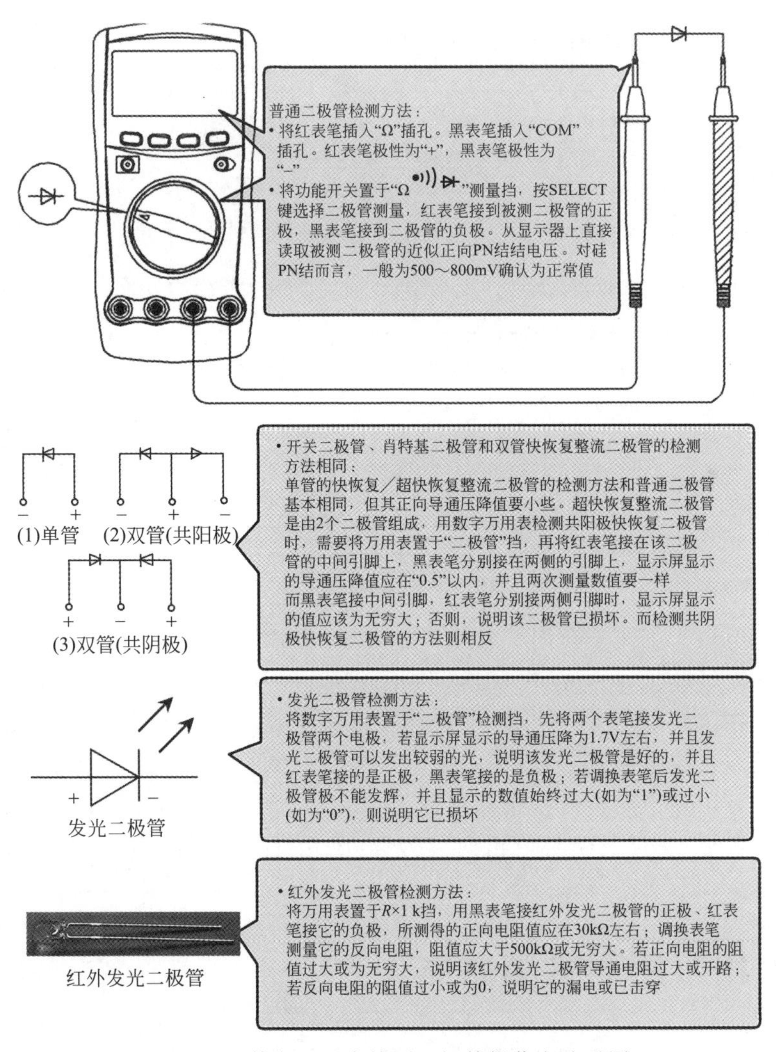

图 3-29 数字万用表检测二极管操作方法示图

采用数字万用表检测二极管也有在路和非在路检测两种方法，无论哪种检测方法，都应将万用表置于“二极管”挡。

（三）用万用表检测整流桥

整流桥的作用是将开关变压器次级感应的交流电，通过单向半波整流电路形成单向脉动直流电压。整流桥电路如图 3-30 所示，由 4 只二极管接成一个电桥形成。V1、V2、V3、V4 构成电桥的 4 个桥臂，电桥一条对角线接电源变压器的此级线圈，另一对角线接负载电阻 R。当输入电压为上正下负时，整流 V1 和 V3 因加正向电压而导通，V2 和 V4 因加负向电压而截止。这时，电流从次级输入电压的上端，按流向 A →V1→R→V3→B 端，回到电源的 B 端，得到一个半波整流电路。

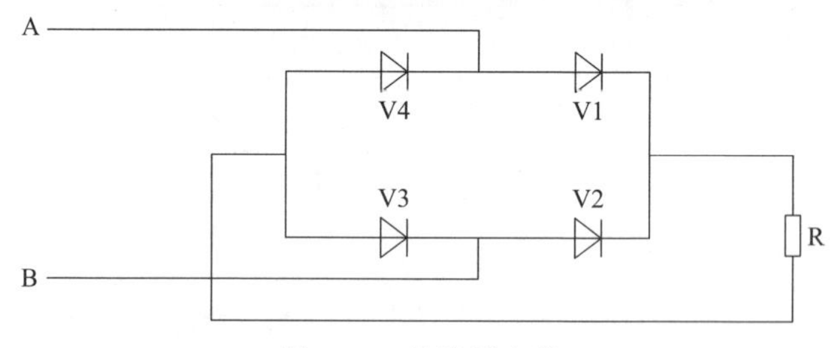

图 3-30　整流桥电路

当输入电压为下正上负时，整流 V2 和 V4 正向导通，V1 和 V3 反向截止。这时，电流从次级输入电压的下端 B，按 B→V2→R→V4→A，回到输入电压的 A 端。同样，在负载电阻 R 上得到一个半波整流电路，如此反复进行，负载上就得到了一个全波整流电路。

用数字万用表检测整流桥选择量程为 $R\times1$，测二极管的两端（在二极管上的银色一端为负极），正负极阻值正向应为 500Ω 左右，反向为无穷大，如不是则需更换整流桥。

五、用万用表检测晶体

晶体又称晶振或晶体谐振器，是利用石英晶体（二氧化硅的结晶体）的压电效应制成的一种谐振器件，它可以是正方形、矩形或圆形等。晶体是时钟电路中最重要的器件，作用是为系统提供基本的时钟信号，产生单片机向被控电路提供的基准频率。它就像一个标尺，若其工作频率不稳定就会造成相关设备的工作频率不稳定，自然容易出现问题。

用指针式万用表检测晶振的操作方法如图 3-31 所示。

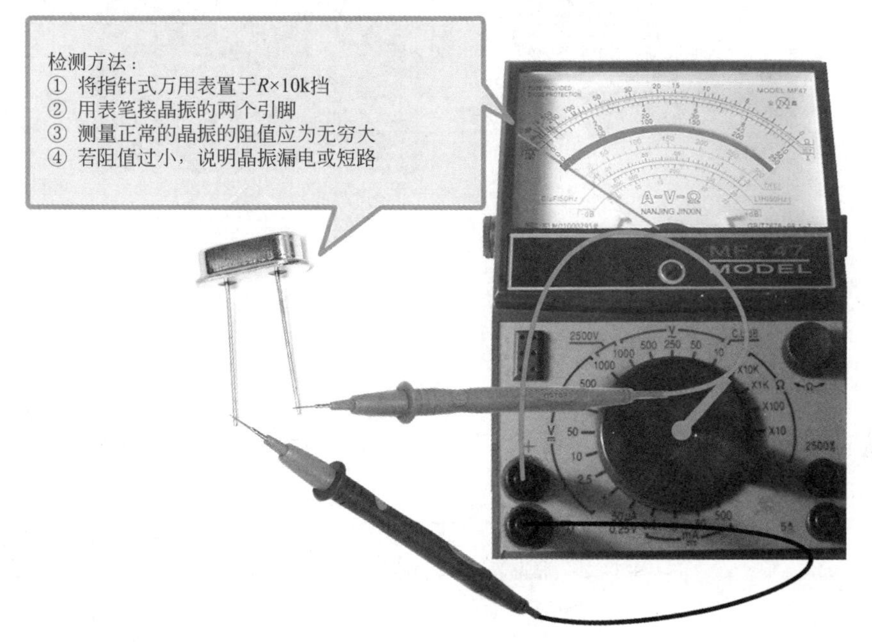

图 3-31 万用表检测晶振

由于采用万用表只能大致估测晶振是否正常，因此最可靠的方法还是采用正常的、同规格的晶振代换检查。

六、用万用表检测光电耦合器

光电耦合器又称光耦合器或光耦，是以光为媒介传输电信号的一种电-光-电转换器件。它由发光源和受光器两部分组成。把发光源和受光器组装在同一密闭的壳体内，彼此间用透明绝缘体隔离。发光源的引脚为输入端，受光器的引脚为输出端，常见的发光源为发光二极管，受光器为光敏二极管、光敏三极管等。

常见的光电耦合器有 4 引脚直插和 6 引脚直插两种，通常由一只发光二极管和一只光敏三极管构成，它们的实物外形和电路符号如图 3-32 所示。当发光二极管流过导通电流后开始发光，光敏三极管受到光照后导通，这样通过控制发光二极管导通电流的大小，改变其发光的强弱就可以控制光敏三极管的导通程度。

用指针式万用表检测光电耦合器不仅可以确定了光电耦合器的引脚排列，而且还检测出它的光传输特性正常。以 4 引脚 PC817 型光电耦合器为例，检测方法如图 3-33 和图 3-34 所示。

图 3-32 常见光电耦合器实物及电路符号

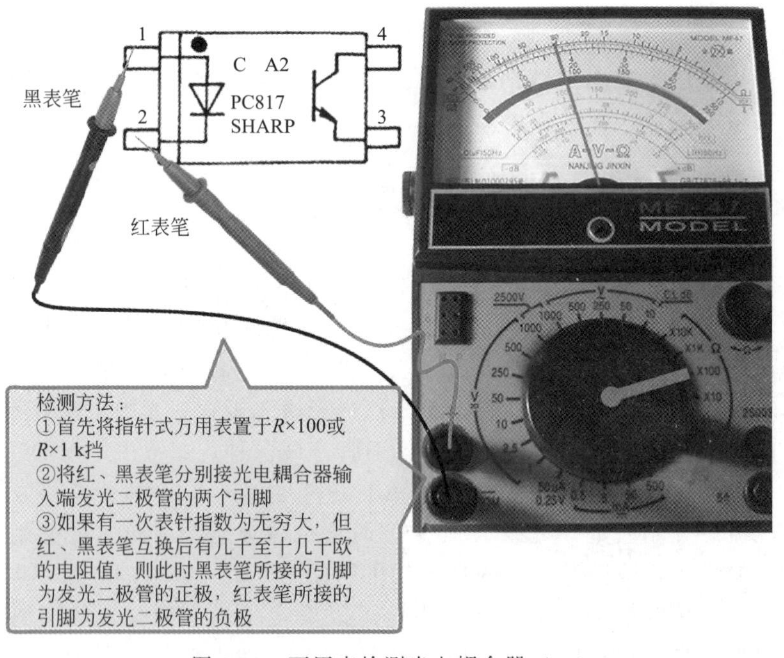

1
4
2
3
C A2
PC817
SHARP
黑表笔
红表笔
检测方法：
①首先将指针式万用表置于R×100或R×1 k挡
②将红、黑表笔分别接光电耦合器输入端发光二极管的两个引脚
③如果有一次表针指数为无穷大，但红、黑表笔互换后有几千至十几千欧的电阻值，则此时黑表笔所接的引脚为发光二极管的正极，红表笔所接的引脚为发光二极管的负极

图 3-33 万用表检测光电耦合器（一）

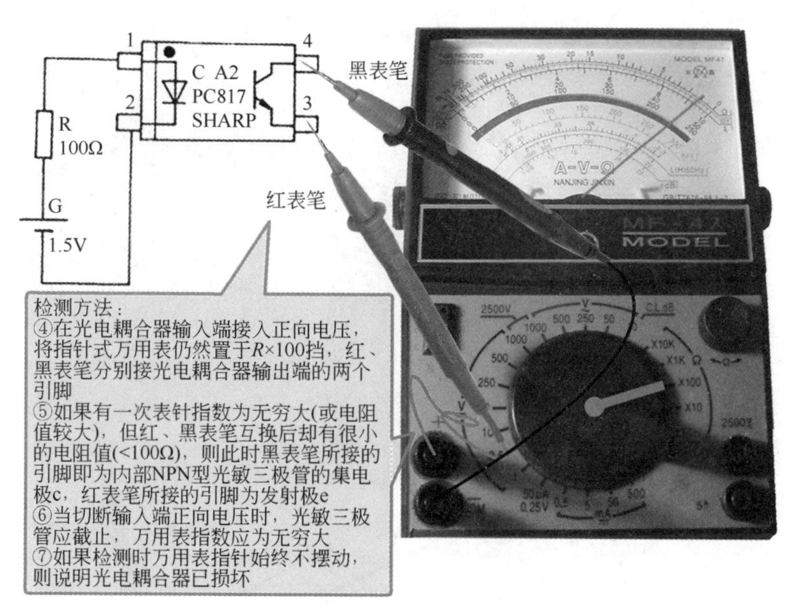

图 3-34 万用表检测光电耦合器（二）

由于光电耦合器的组成方式不尽相同，所以在检测时应针对不同的结构特点，采取不同的检测方法。例如，在检测普通光电耦合器的输入端时，一般均参照红外发光二极管的检测方法进行。对于光敏三极管输出型的光电耦合器，检测输出端时应参照光敏三极管的检测方法进行。

至于多通道光电耦合器的检测，应首先将所有发光二极管的引脚判别出来，然后再确定对应的光敏三极管的引脚。对于在线路的光电耦合器，最好的检测方法是"比较法"，即拆下怀疑有问题的光电耦合器，用万用表测量其内部二极管、三极管的正向和反向电阻值，并与好的同型号光电耦合器对应脚的测量值进行比较，若阻值相差较大，则说明被测光电耦合器已损坏。

七、用万用表检测电动机

通过用万用表对电动机进行检测，可以大致判断出电动机是否断路、短路或漏电故障。

（一）指针式万用表检测电动机

将指针式万用表置于 $R\times1$ 挡或 $R\times10$ 挡测电动机的接线端子间的阻值，可以判断电动机是否存在断路或短路故障，检测方法如图 3-35 所示。

检测电动机漏电故障的方法如图 3-36 所示，将指针式万用表置于 $R\times10$k 挡，一支表笔接电动机的绕组引出线，另一支表笔接在电动机的外壳上，正常时阻值应为无穷大，反之，说明它已漏电。

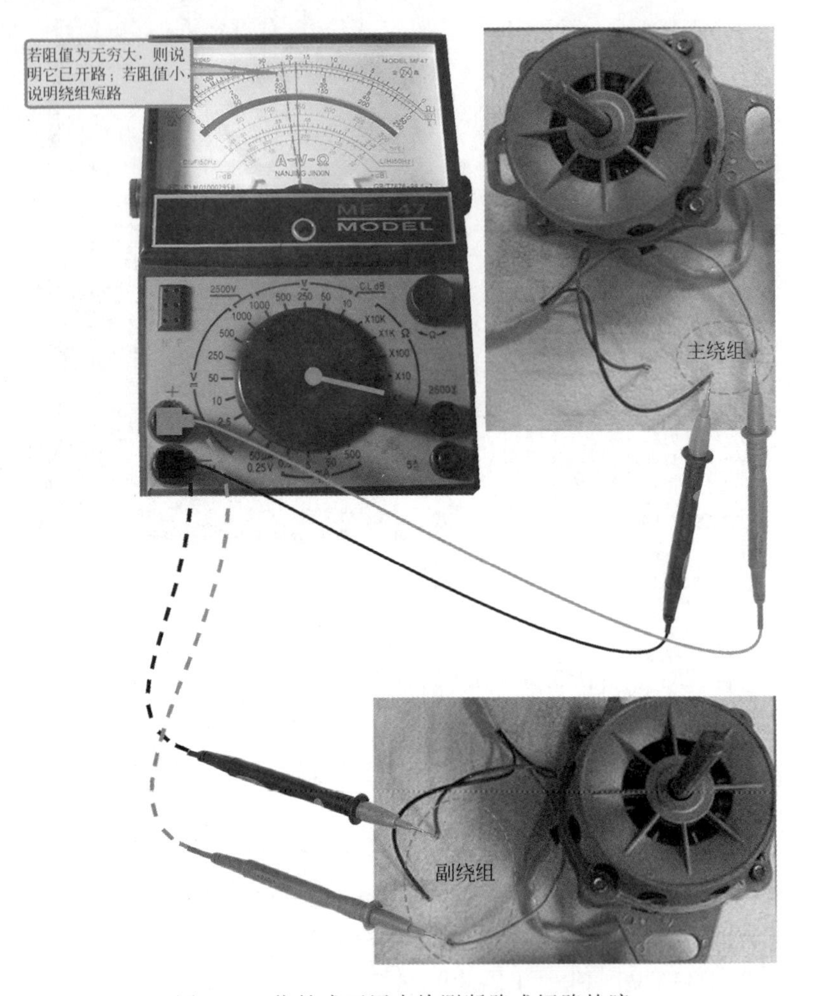

图 3-35 指针式万用表检测断路或短路故障

(二)数字万用表检测电动机

数字万用表检测电动机的方法如图 3-37 所示。用万用表 2k 或 20k 挡测它的接线端子间的阻值，若阻值为无穷大，则说明它已开路；若阻值小，说明绕组短路。

将数字万用表置于 200M 电阻挡，一支表笔接电动机的绕组引出线，另一支表笔接在电动机的外壳上，正常时阻值应为无穷大，反之，说明它已漏电。

八、用万用表检测家庭线路

(一)指针式万用表分辨火线和零线

用指针式万用表分辨火线和零线有接触测量法和非接触两种测量法。具体操

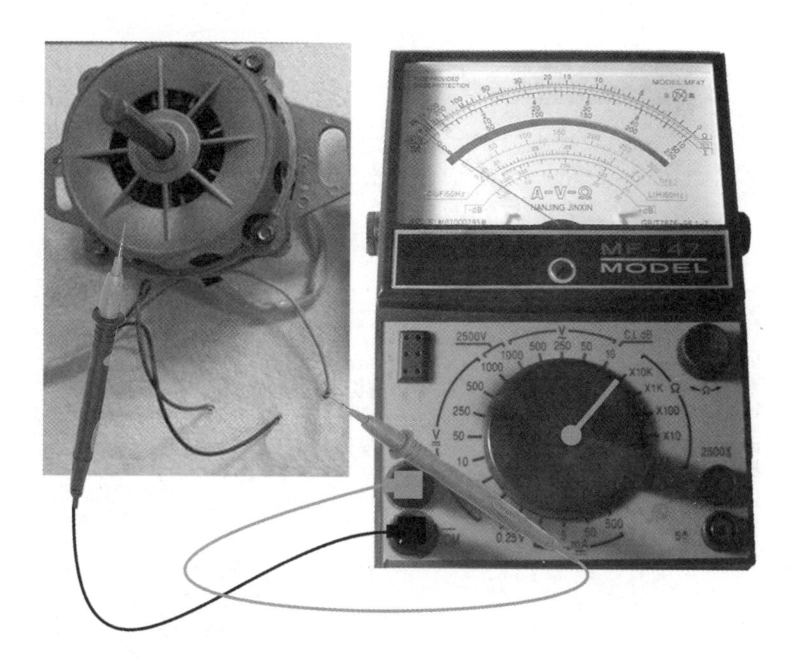

图 3-36　指针式万用表检测电动机漏电故障

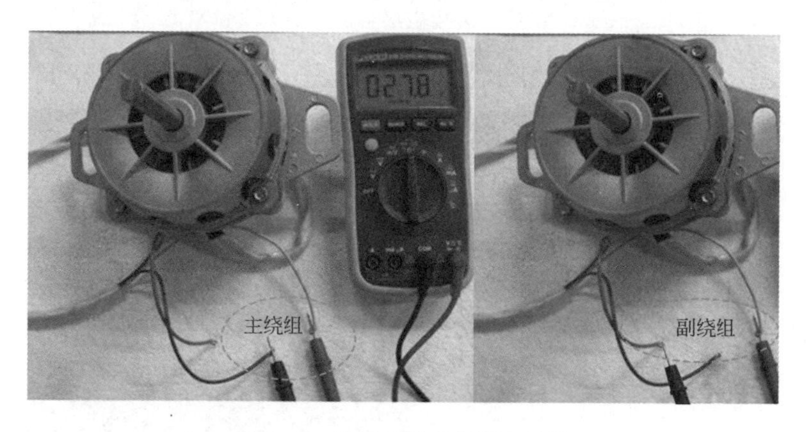

图 3-37　数字万用表检测电动机

作如图 3-38 和图 3-39 所示。

检测时应注意，表笔线的绝缘应良好，操作者的手及身体的任何部位均不能直接与表笔的金属部分相接触，以免发生触电危险。

（二）数字式万用表分辨火线和零线

由于数字万用表的交流电压挡的灵敏度很高，即使感应到微弱的电压信号，也能从液晶屏上显示出来，因此，使用数字万用表的 ACV 挡，用感应法能直观、迅速和准确地判断出交流市电的火线。

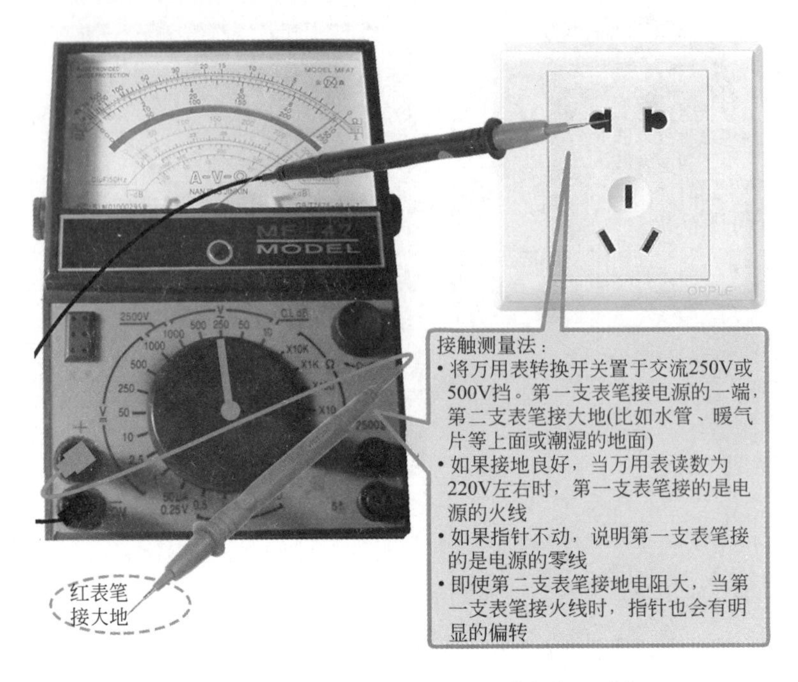

图 3-38　指针式万用表接触法分辨火线和零线

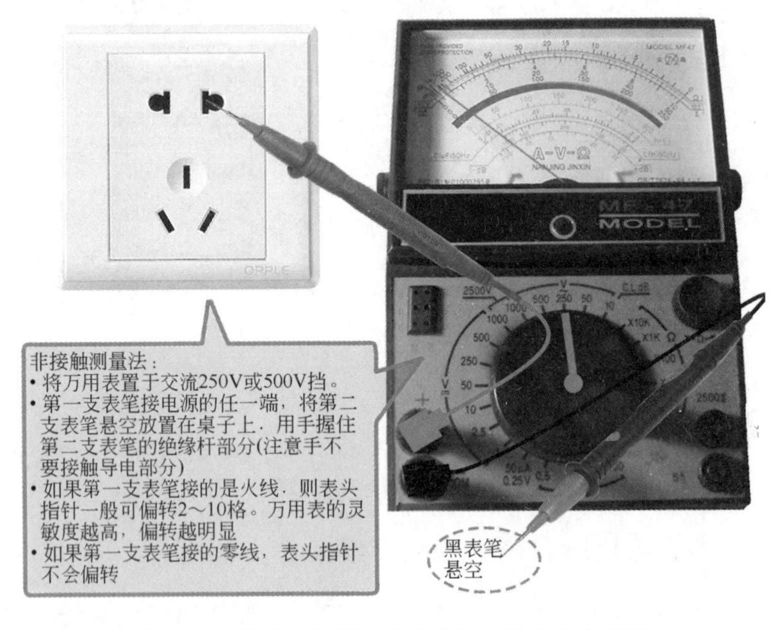

图 3-39　指针式万用表非接触法分辨火线和零线

用数字万用表分辨火线和零线的检测方法如图 3-40 所示。

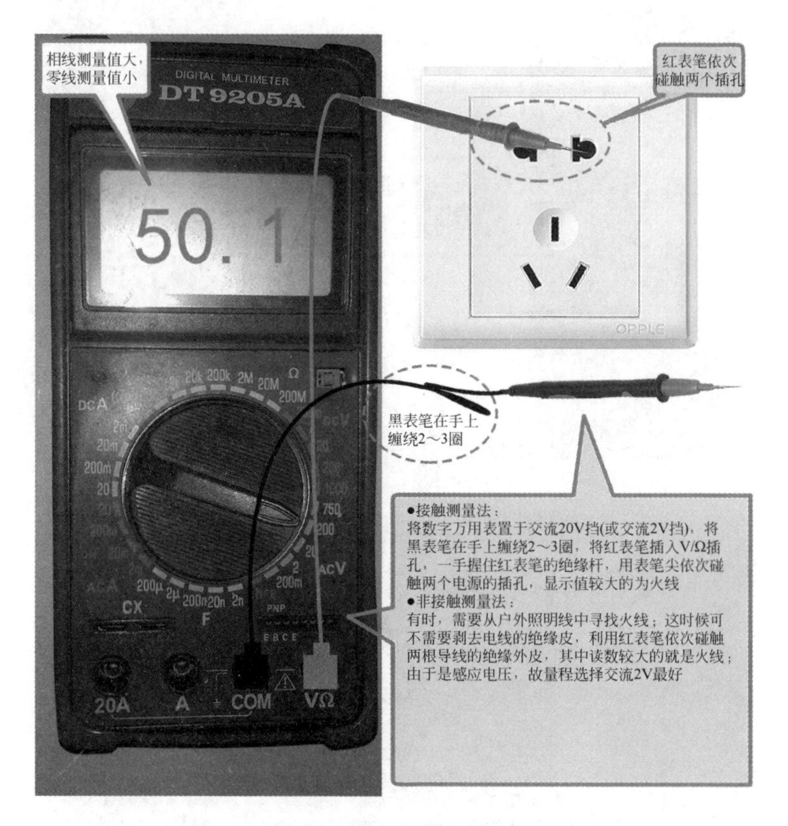

图 3-40 数字万用表分辨火线和零线方法

（三）照明线路开路的检测方法

照明线路开路时，电路无电压，照明灯不亮，用电器不能工作。其原因有：熔丝熔断、导线断路、线头松脱、开关损坏等。

万用表检测照明线路开路故障如图 3-41 所示。

（四）线路短路的检测方法

家用照明接线错误，相线与零线相碰接；导线绝缘层损坏，在损坏处碰线或接地；用电器具内部损坏；灯头内部松动致使金属片相碰短路，灯头进水等均会造成短路故障。家用照明线路短路时，线路电流很大，熔丝迅速熔断，电路被切断。若熔丝选择太粗，则会烧毁导线，甚至引起火灾。

照明线路短路的故障现象比较明显，但确定故障发生的部位却比较复杂，可以使用万用表的电阻挡，测量导线间或用电器的电阻值，来判断短路部位的所有。具体方法如下：

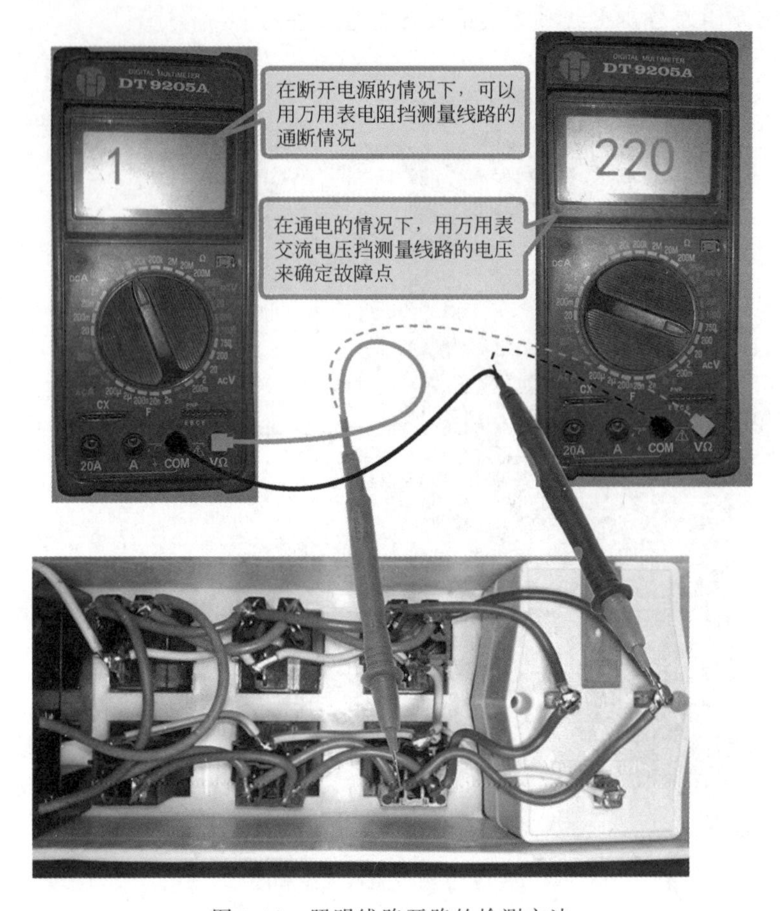

图 3-41 照明线路开路的检测方法

① 发生短路后，应断开配电板上的刀开关（或者断路器），并将所有用电器插头拔下来，全部切断电源。

② 用万用表置于 $R\times100$ 挡，测量相线和零线的电阻值。

③ 如果指针趋于零（或产生偏转），说明线路有短路（或漏电）现象。

④ 逐段检查干线和各分支线路，必要时切断某一线路，测量两线的电阻，确定故障所在位置。

⑤ 排除短路故障点后，装接合格的熔丝再送电。

（五）线路漏电的检测方法

万用表检测电路漏电故障的方法如下。

① 首先将指针式万用表的 $R\times10\text{k}$ 挡测测量路绝缘电阻的大小，或数字万用表置于交流电流挡（此时相当于一个电流表），串联在总开关上，接通全部开关，取下所有负载（包括灯泡）。

② 若有电流，则说明线路存在漏电现象。

③ 切断零线，若电流表的指示不变，则是相线与大地漏电。

④ 若电流表的指示为零，是相线与零线间漏电。

⑤ 电流表的指示变小但不为零，则是相线与零线、相线与大地间均漏电。

⑥ 取下分路熔断器或拉开断路器，若电流表的指示不变，则说明总线漏电。

⑦ 电流表的指示为零，则为分路漏电。

⑧ 电流表的指示变小但不为零，则表明是总线、分路均有漏电。

⑨ 经上述检查，再依次断开该线路灯具的开关，当断开某一开关时，电流表的指示返零，则该分支线漏电。

⑩ 若电流变小，则说明这一分支线漏电外，还有别处漏电。

⑪ 若所有灯具开关断开后，电流表的指示不变，则说明该段干线漏电。

⑫ 依次把事故范围缩小，便可进一步检查该段线路的接头以及导线穿墙处等地点是否漏电。

⑬ 找到漏电点后，应及时消除漏电故障。

九、用万用表检测开关器件

电子产品应用的开关主要有机械开关、轻触开关和光电开关等。它们在电路中的主要功能是接通、断开和切换电路。

（一）用万用表检测机械开关

用数字万用表检测机械开关的操作方法如图 3-42 所示，将万用表的二极管挡测机械开关引脚的阻值，在未按压开关时，测得常闭触点的阻值为 0，常开触点的阻值为无穷大。

在按下开关时使机械开关的常开触点接通，阻值变为 0，如图 3-43 所示，而它的常闭触点断开，阻值变为无穷大，反之，说明开关损坏。

（二）用万用表检测轻触开关

轻触开关主要用于电视机、空调器、微波炉、电磁炉等电器的功能操作键，常见的轻触开关有 2 脚和 4 脚两种。轻触开关的结构原理如图 3-44 所示。其工作原理其实和普通按钮开关的工作原理差不多，由常开触点、常闭触点组合而成，在 4 脚轻触开关中，常开触点的作用，就是当压力向常开触点施压时，这个电路就呈现接通状态；当撤销这种压力的时候，就恢复到了原始的常闭触点，也就是所谓的断开。

轻触开关性能的好坏，可用数字万用表的二极管挡测轻触开关引脚的阻值来判别。未按压开关时它的阻值应为无穷大，按压开关时它的阻值应为 0，否则说明轻触开关已损坏。

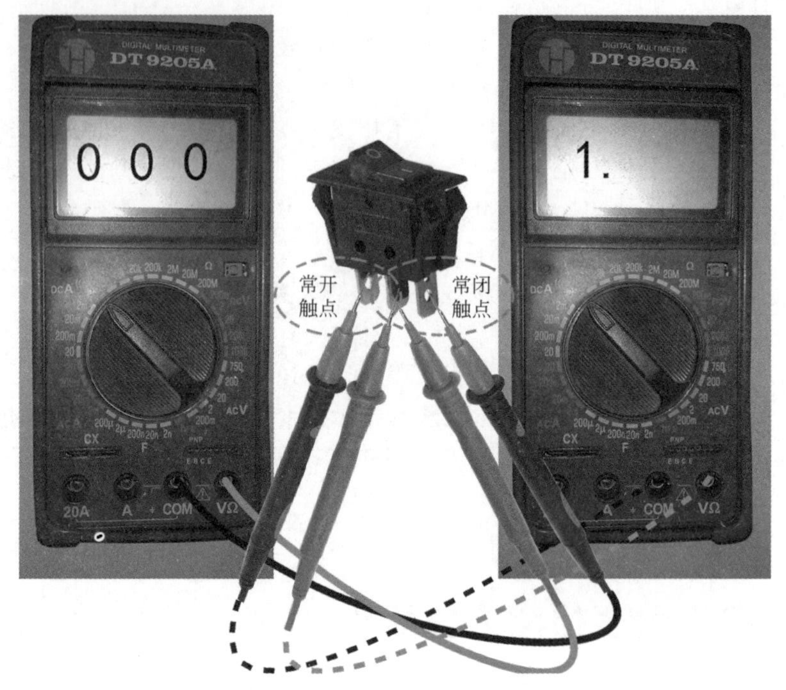

图 3-42 检测机械开关（一）

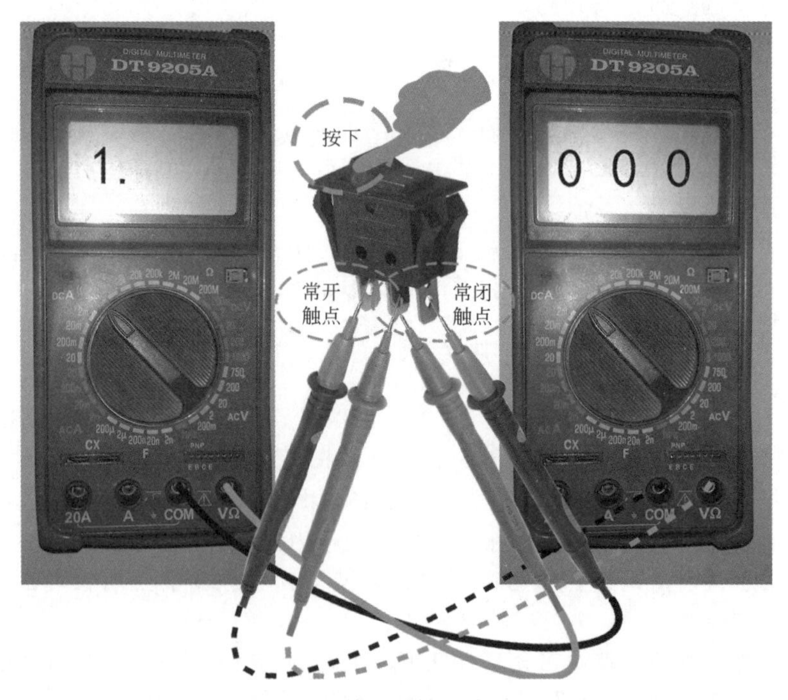

图 3-43 检测机械开关（二）

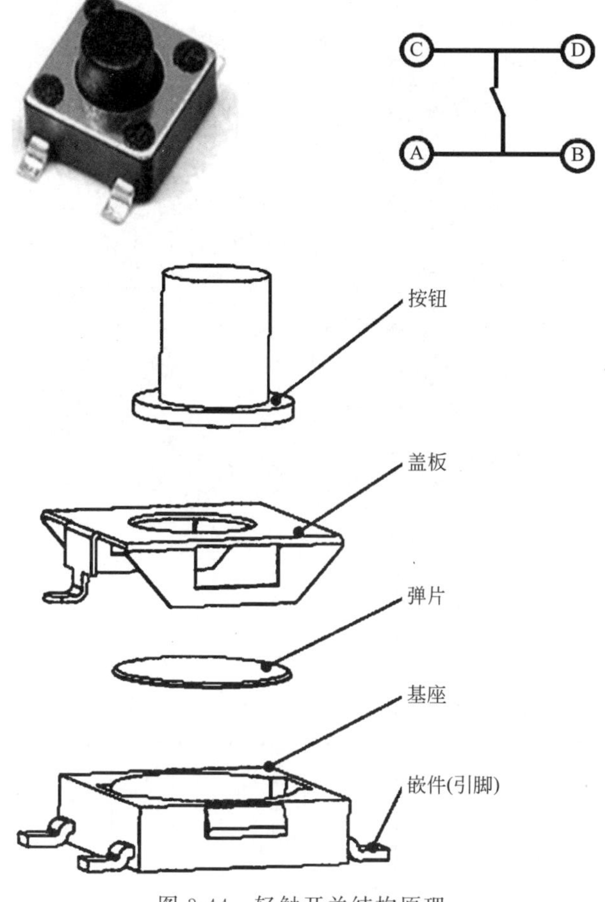

图 3-44 轻触开关结构原理

（三）用万用表检测光电开关

光电开关即光电接近开关，又称光电传感器，是通过把光强度的变化转换成电信号的变化来实现控制的。光电开关主要应用在录像机、复印机、打印机等电子产品内。常见的光电开关类型主要有槽型光电开关、对射分离式光电开关、反光板反射型光电开关和扩散反射型光电开关。

典型的光电开关结构原理如图 3-45 所示，主要由发射器、接收器和检测电路三部分组成。发射器对准目标发射光束，发射的光束一般来源于半导体光源，发光二极管（LED)、激光二极管及红外发射二极管。光束不间断地发射，或者改变脉冲宽度。受脉冲调制的光束辐射强度在发射中经过多次选择，朝着目标不间接地运行。接收器有光电二极管或光电三极管、光电池组成。在接收器的前面，装有光学元件如透镜和光圈等。在其后面的是检测电路，它能滤出有效信号和应用该信号。

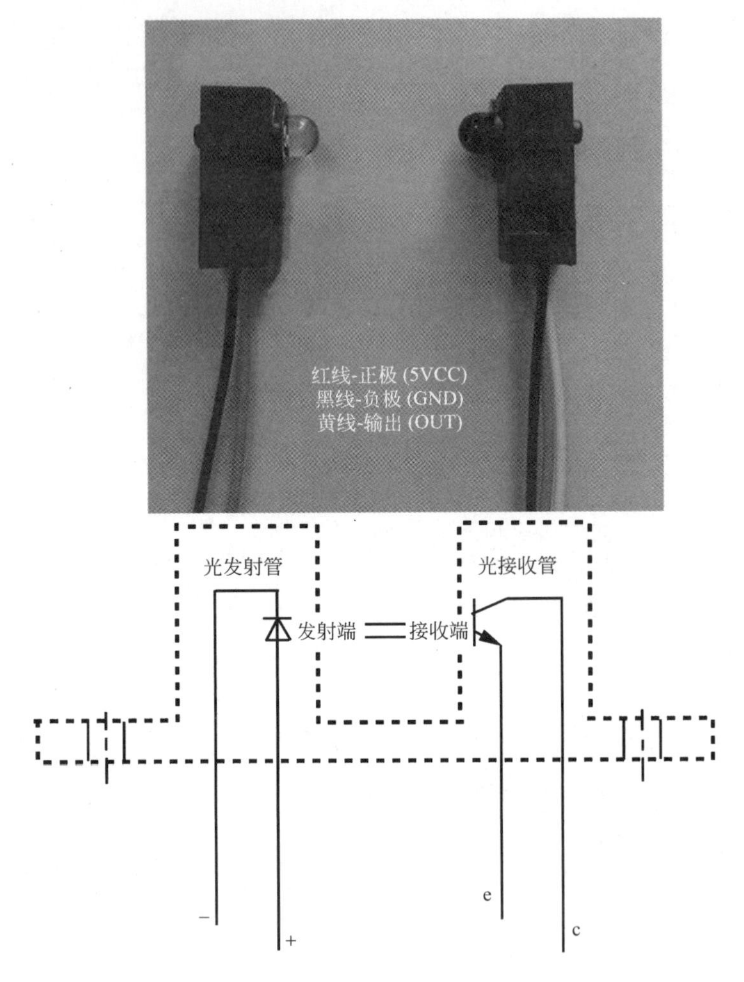

图 3-45　光电开关结构原理

采用“双表法”检查光电开关的电路如图 3-46 所示，接通电路后，发射管即发出红外线，接收管则产生光电流，使 c-e 极间的电阻从无穷大降至几百千欧。当黑纸片挡住红外线时，接收管就无光电流，电阻值迅速增大。因此上下抽动黑纸片，可不断改变表 2 的读数，观察到指针的摆动。

采用“双表法”检查光电开关的具体操作方法如下：

① 为避免外界光线的影响，应尽量在暗处检测光电开关。

② 将指针式万用表 1 置于 $R\times100$ 挡向发射管提供正向电压。

③ 将指针式万用表 2 置于 $R\times10k$ 挡测量 c-e 极间的电阻。

④ 将黑纸片放在发射窗与接收窗中间，用来阻挡红外线。

⑤ 上、下抽动纸片时应观察到表 2 的指针有明显的摆动。在测试条件不变的情况下，指针摆幅越大，说明器件的灵敏度越高。

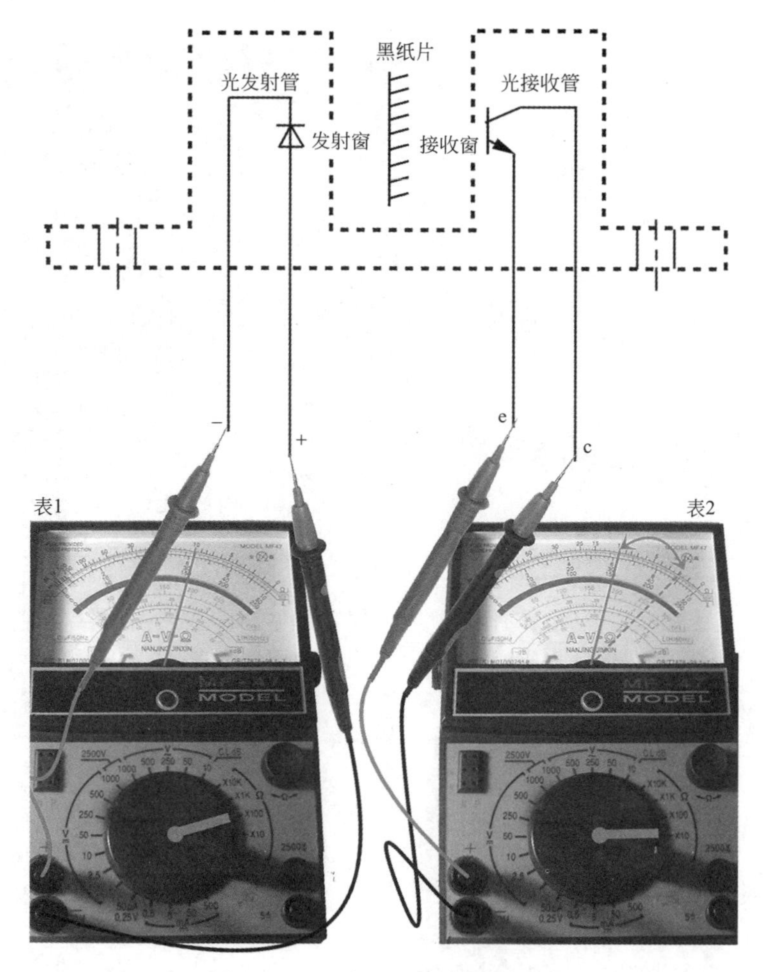

图 3-46 “双表法”检测光电开关

十、用万用表检测过载保护器

过载保护器安装在供电回路的最前面，当因负载过电流或过热引起电源过载时自动切断供电回路，避免故障进一步扩大，实现过载保护。常用的过载保护器件主要有熔断器和过载保护器。

（一）用万用表检测熔断器

熔断器俗称熔丝或保险管，广泛应用于高低压配电系统和控制系统以及用电设备中，作为短路和过电流的保护器，是应用最普遍的保护器件之一。常见的熔断器主要有玻璃熔断器、延时熔断器、快速熔断器和温度熔断器等，如图 3-47 所示。

用数字万用表检测检熔断器的操作方法如图 3-48 所示。

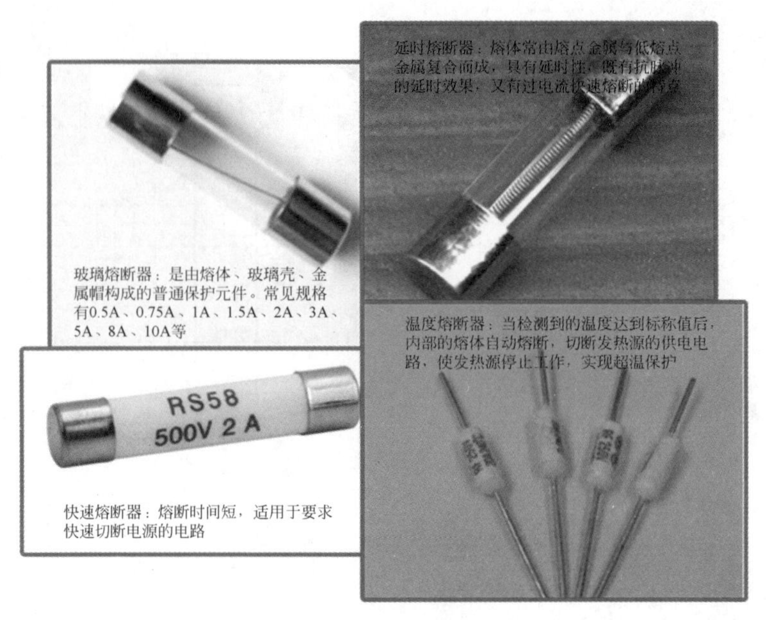

图 3-47 几种常见的熔断器

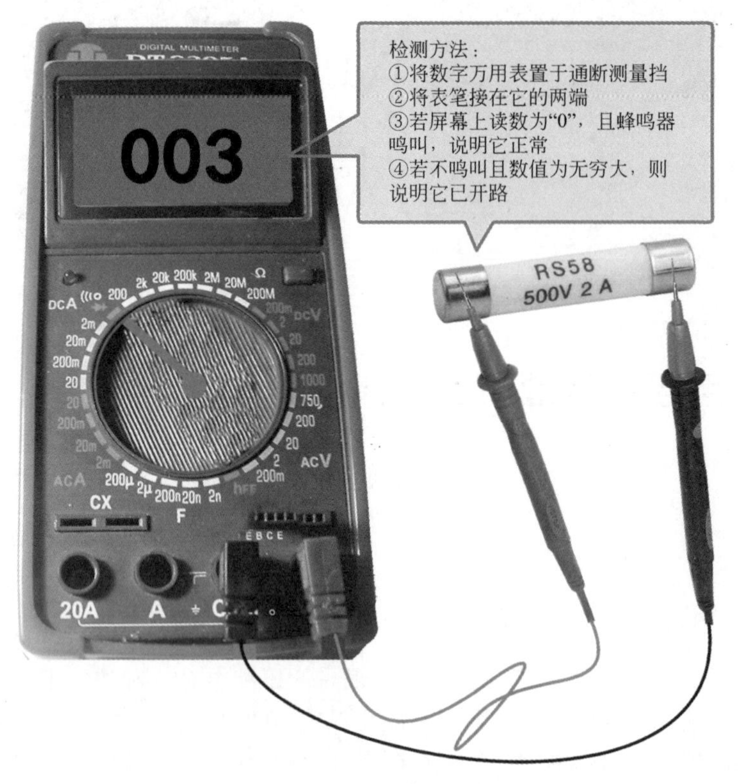

图 3-48 用万用表检测熔断器

若采用指针式万用表，将万用表置于 $R\times1$ 挡，将表笔接熔断器的两端，测它的阻值，若测得阻值为 0，说明它正常；若阻值为无穷大，则说明它已开路。

（二）用万用表检测过载保护器

过载保护器是用来保护空调器或电冰箱等电器的压缩机不被过热、过电流损坏而设置的保护性器件。以碟形过载保护器为例，它是由电阻加热丝、双金属片及一对常闭触点构成。它串联于压缩机供电电路，开口端紧贴在压缩机外壳上，如图 3-49 所示。当某种原因导致压缩机外壳的温度过高时，双金属片受热变形，使触点分离，切断供电电路，以免压缩机因过热损坏，从而实现了保护压缩机的目的。同理，当电流过大时，电阻丝温度升高，烘烤双金属片使它反向弯起，将触点分离，切断压缩机的供电回路，压缩机停止运转，以免压缩机因过电流损坏。

图 3-49 压缩机过载保护器

用数字万用表测过载保护器的方法如图 3-50 所示。

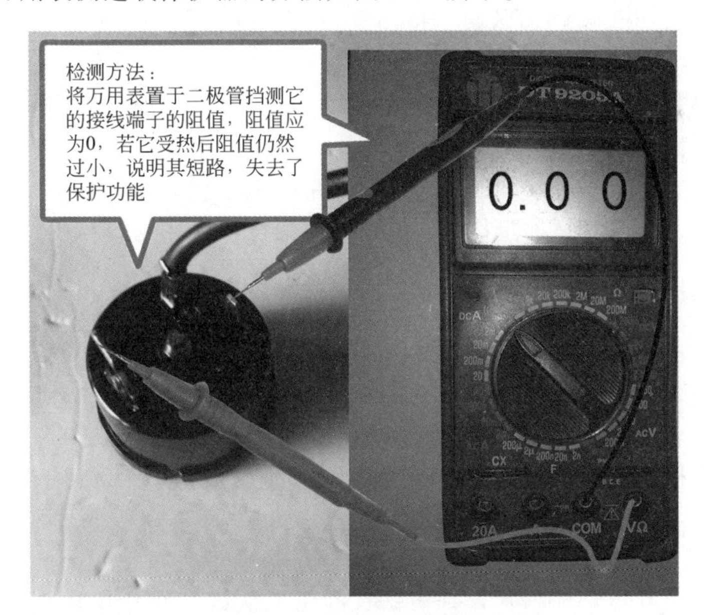

图 3-50 检测过载保护器

将指针式万用表置于 $R\times1$ 挡，在室温下测它的接线端子间电阻，若测得的阻值为无穷大或阻值过小，则说明其开路或接触不良。

熔断器和过载保护器的维修很方便，在查清过载或电流过大的原因后，只需更换同型号过载保护器即可。值得注意的是，由于过载保护器动作多是由于负载过载引起，所以必须确认负载是否正常，更换不能用导线代替，以免扩大故障或引起火灾。

十一、用万用表检测电声器件

电声器件是指电和声相互转换的器件，包括扬声器、耳机、蜂鸣片和蜂鸣器、传声器等，该类器件是利用电磁感应、静电感应或压电效应等来完成电声转换的。

（一）用万用表检测扬声器

扬声器由纸盆、磁铁（外磁铁或内磁铁）、线圈、铁芯、支架、防尘罩等构成。扬声器种类很多，有电动式、静电式、晶体或陶瓷、压簧式等。电动式扬声器的工作原理是：当处于磁场中的音圈（线圈）有音频电流通过时，就产生随音频电流变化的磁场，这一磁场和永久磁铁的磁场发生相互作用，使音圈沿着轴向振动，带动纸盆使周围大面积的空气发生相应的振动，从而将机械能转换为声能，发出悦耳的声音。

用万用表可以粗略地检测扬声器好坏，方法如图 3-51 所示。将万用表置于 $R\times1$ 挡，用红表笔接扬声器线圈的一个接线端子，黑表笔点击另一个接线端子，扬声器能够发出“喀喀”的声音，说明扬声器正常；反之，说明扬声器的音圈或引线开路。

也可通过万用表测量扬声器的直流电阻进行判断。用 $R\times1$ 挡测量扬声器两个引脚之间的直流电阻，正常时应比铭牌扬声器阻抗略小。设扬声器直流电阻为 R_0，则其阻抗为 $1.25R_0$。例如，8Ω 的扬声器测量的电阻正常为 7Ω 左右。若测量阻值为无穷大，或远大于其标称阻抗值，说明扬声器已经损坏。

（二）用万用表检测耳机

耳机的构成与电动式扬声器基本相同，也是由磁铁、音圈、振动膜片和外壳构成。按原理耳机可分为电动式和电容式两种。电动式耳机具有灵敏度高、功率大、结构简单、音质好、音色稳定等优点，是目前市场上最常见的一种耳机。

用万用表检测耳机的方法与扬声器基本相同，如图 3-52 所示。

（三）用万用表检测蜂鸣片和蜂鸣器

蜂鸣片即压电陶瓷蜂鸣片，是由锆钛酸铅或铌镁酸铅压电陶瓷材料制成。是在陶瓷片的两面镀上银电极，经极化和老化处理后，再与黄铜片或不锈钢片粘在一起。当给沿极化方向的两面输入振荡脉冲信号时，压电陶瓷带动金属片产生振动，从而推动周围空气发出声音。

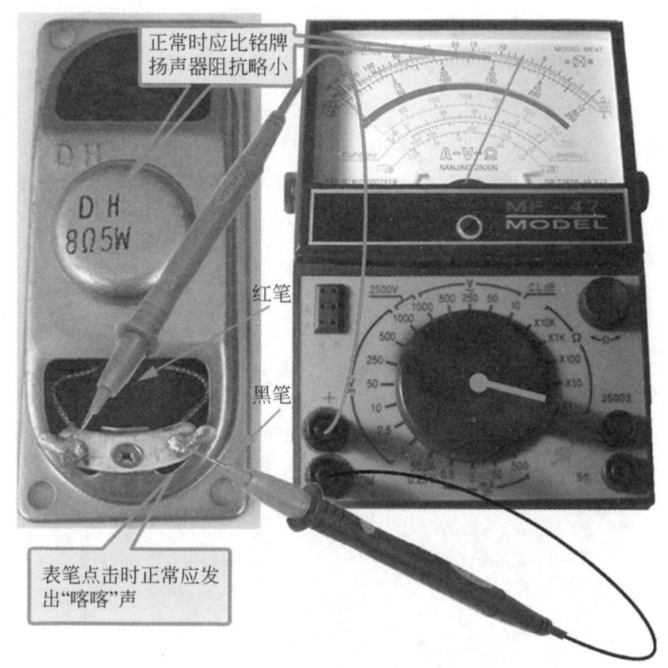

图 3-51　万用表检测扬声器

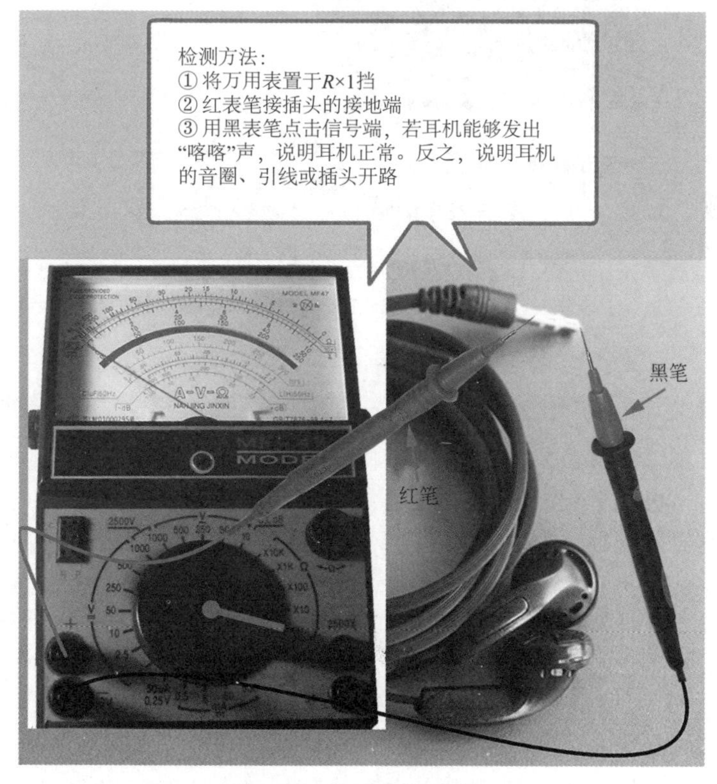

图 3-52　万用表检测耳机

蜂鸣器分压电式和电磁两种类型。压电式蜂鸣器主要由多谐振荡器、压电蜂鸣片、阻抗匹配器及共鸣箱、外壳等组成。多谐振荡器一般是由集成电路和电阻、电容等构成，当得到3～15V的电压后多谐振荡器起振产生1.5～2.5kHz的音频信号，经阻抗匹配器放大，从而驱动压电蜂鸣片发声。

电磁式蜂鸣器由振荡器、电磁线圈、磁铁、振动膜片及外壳等组成。当电源接通后，振荡器产生的音频信号电流经电磁线圈产生磁场，该磁场与磁铁产生的磁场相互作用后，从而使蜂鸣器振动膜片振动而发出周期性地鸣叫。

用万用表检测蜂鸣片的方法如图3-53所示。

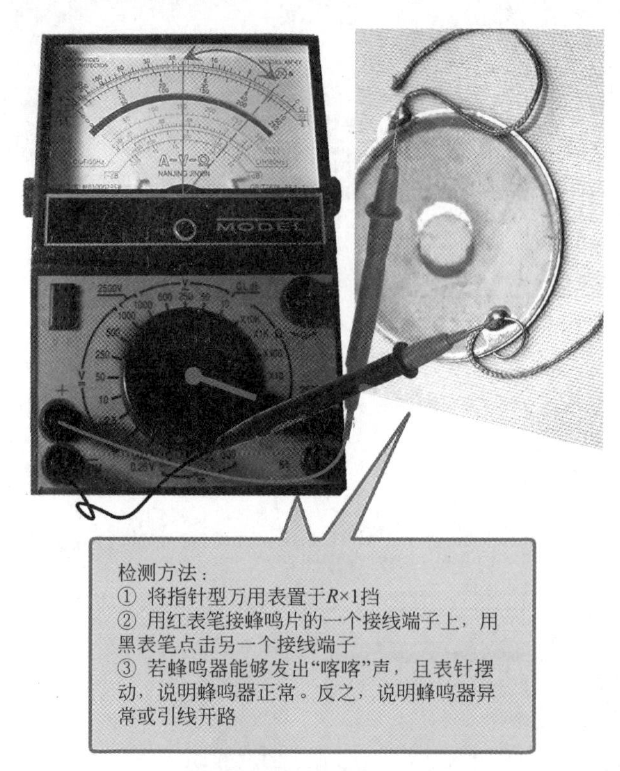
MODEL
检测方法：
① 将指针型万用表置于R×1挡
② 用红表笔接蜂鸣片的一个接线端子上，用黑表笔点击另一个接线端子
③ 若蜂鸣器能够发出“喀喀”声，且表针摆动，说明蜂鸣器正常。反之，说明蜂鸣器异常或引线开路

图3-53　万用表检测蜂鸣片

蜂鸣器分交流和直流供电两种。对于220V交流供电的蜂鸣器，将待测的蜂鸣器通过导线与市电压相接后，若蜂鸣器能发出“喀喀”声，说明蜂鸣器正常，反之，说明蜂鸣器已损坏；对于采用直流供电的蜂鸣器，将待测的蜂鸣器通过导线与直流稳压器的输出端正、负对应相接，然后将稳压器的输出电压调到蜂鸣器标称电压，打开稳压电源的电源开关，若蜂鸣器发出“喀喀”声，说明蜂鸣器正常，反之，说明蜂鸣器已损坏。

（四）用万用表检测传声器

传声器俗称话筒或麦克风，是将声音信号转换为电信号的能量转换器件。传声器是由声音的振动传到传声器的振膜上，推动里边的磁铁形成变化的电流，这样变化的电流送到后面的声音处理电路进行放大处理。目前，常用的传声器有动圈式和电容式两种。

驻极体传声器是电容传声器的一种，该传声器有两块金属极板，其中一块的表面涂有驻极体薄膜并将其接地，另一块极板接在场效应晶体管的栅极上。两个极板之间形成了一个电容，当驻极体膜片因声波振动时，电容两端就形成变化的电压。该电压的大小，反映了外界声压的强弱，而电压变化的频率反映了外界声音的频率。驻极体传声器内部电路如图 3-54 所示，由于电容两端产生的电压较小，为了将声音产生的电压信号引出来并加以放大，必须使用场效应管进行放大。栅极与源极之间接的二极管的作用是保护场效应晶体管，以免它因过电压等原因损坏。

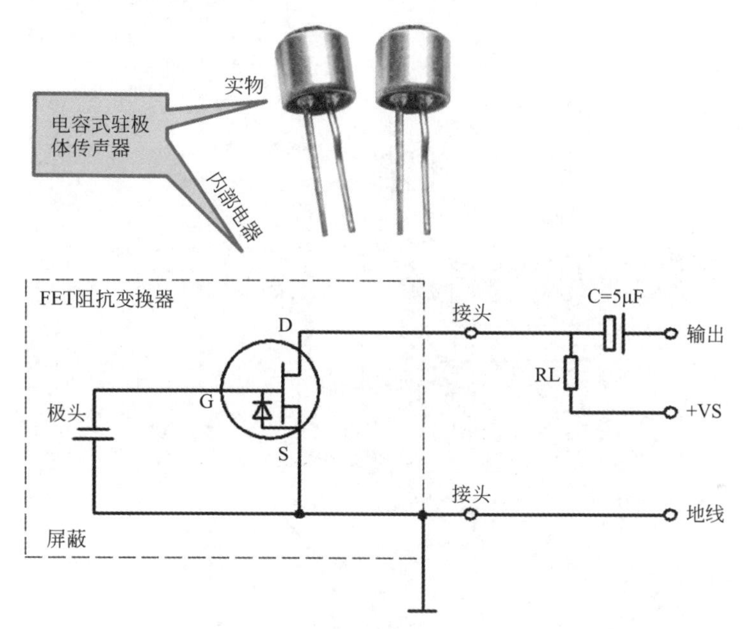

图 3-54　驻极体传声器内部电路

用万用表检测驻极体传声器的操作方法如下：

① 首先将指针型万用表置于 $R\times100$ 挡。

② 红表笔接传声器的金属屏蔽网，黑表笔接其芯线，相当于给内部场效应晶体管的漏极加上正电压。

③ 此时万用表表针应指在一定的刻度上。

④ 对着传声器吹气，若表针有一定幅度的摆动，说明它正常。反之，说明驻极体已损坏。

⑤ 直接测试传声器的两根引线的阻值是，若阻值为无穷大，说明内部驻极体或引线开路。

⑥ 如果阻值为 0，说明驻极体或引线短路。

十二、万用表检测电加热器件

电加热器件就是在供电后开始发热的器件，即是将电能转化成热能的元器件。电加热器件广泛应用在热水器、电饭锅、电炒锅、电水壶等家用电器上，还有空调器、电冰箱还采用它进行化霜和辅助加热。

家用电器中常用的电加热器件主要有电加热管和PTC型加热器等，如图3-55所示。

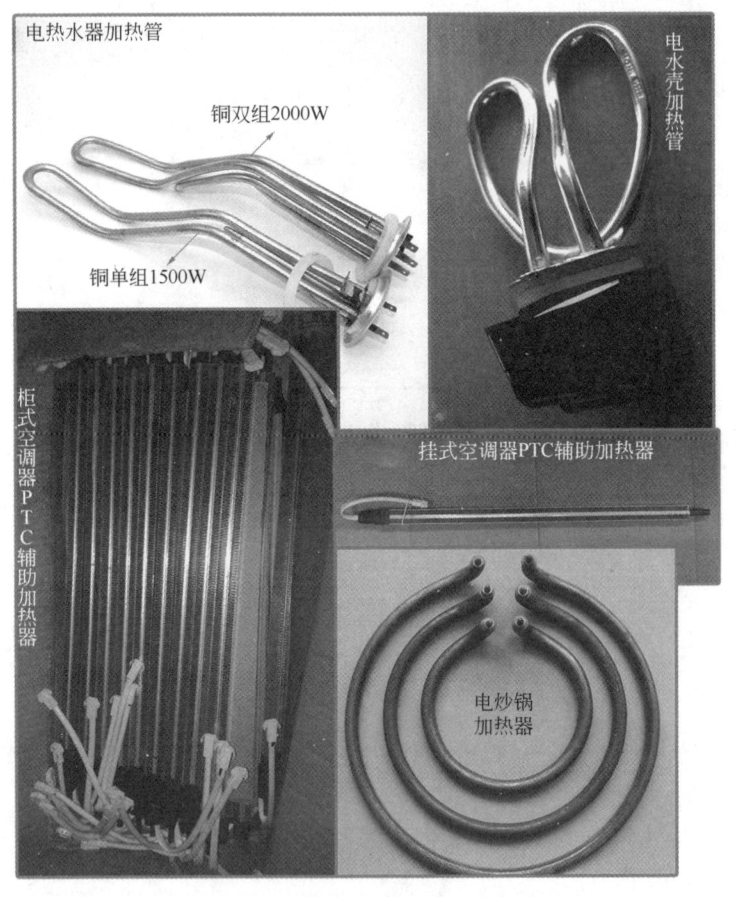

图3-55　几种常见的电加热器件

检测电加热管和TPC型加热器时，首先看它的接头有无锈蚀和松动现象，若发现锈蚀和接触不良，应修复或更换新的的同规格加热管；若接头正常，用万用表的电阻挡对它的通断情况和绝缘性进行检测来加以判断。具体操作方法如图3-56和图3-57所示。

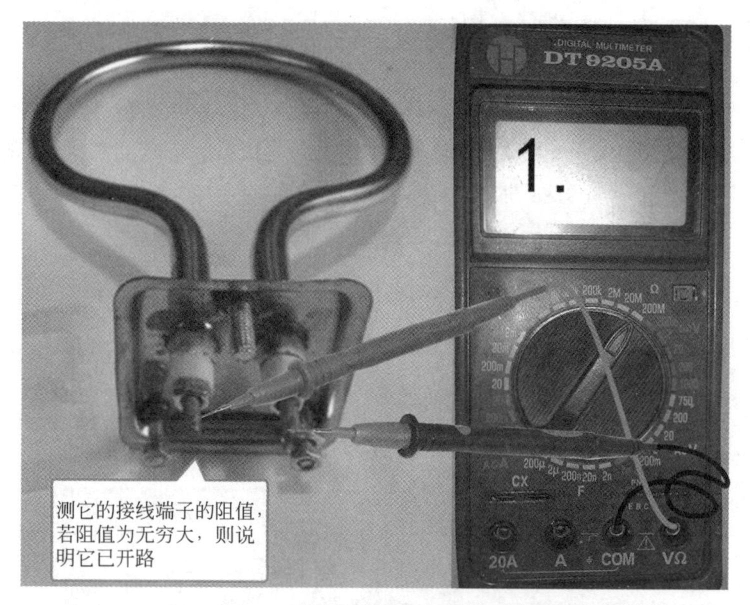

图 3-56 加热器通断的检测

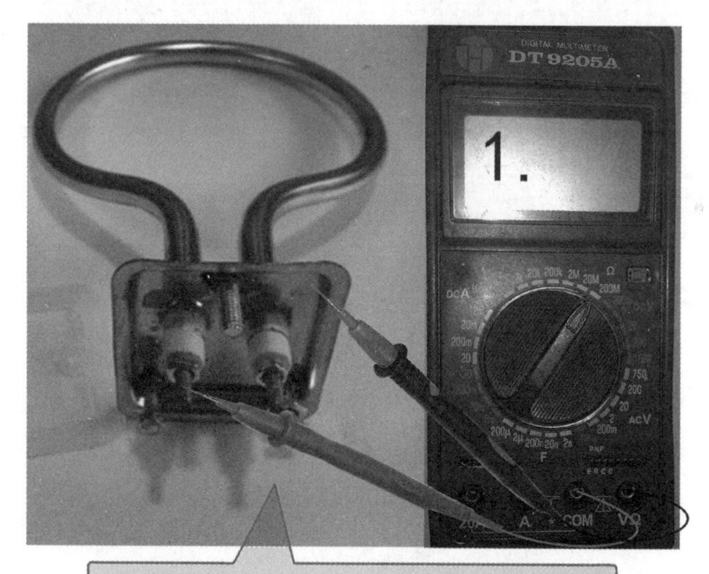

图 3-57 加热器绝缘性能的检测

十三、用万用表检测温度控制器件

温度控制器简称温控器，主要安装在制冷设备和电热器件上，用来控制电冰箱、空调器等设备的制冷温度和电热水器、电饭锅、电水壶、微波炉等设备的加热温度。温控器的种类很多，根据材料构成可为双金属片型温控器、磁性温控器、制冷剂型温控器、热电偶温控器和电子温控器等。

（一）用万用表检测双金属片温控器

双金属片温控器又称温度开关，是由热敏器、双金属片、销钉、触点、触点簧片等构成。它的作用主要是控制电加热器件的加热时间。几种常见的双金属片温控器如图 3-58 所示。

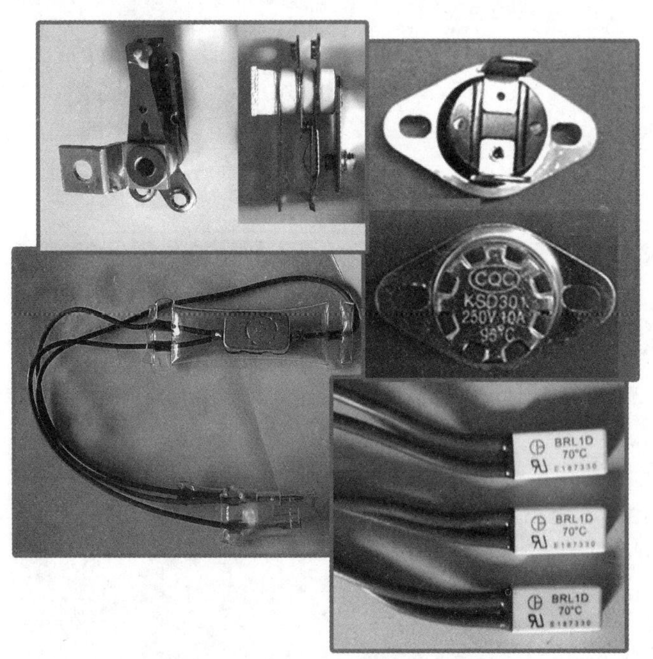

图 3-58　几种常见的双金属片温控器

双金属片温控器是一种将定温后的双金属碟片作为热敏感应元器件，当温度增高时所产生的热量传递到双金属碟片上，达到预定温度值时迅速动作，通过机构的作用使触点断开或闭合，当温度下降到复位温度设定时，双金属碟片便迅速恢复，使触点闭合或断开，达到接通或断开电路的目的，从而控制电路。

用数字万用表检测双金属片温控器操作方法如图 3-59 所示。

（二）用万用表检测制冷温控器

机械型制冷温控器主要应用在普通直冷型电冰箱中，其结构主要是由感温管、传动膜片、温度调节螺钉、触点等构成，如图 3-60 所示。

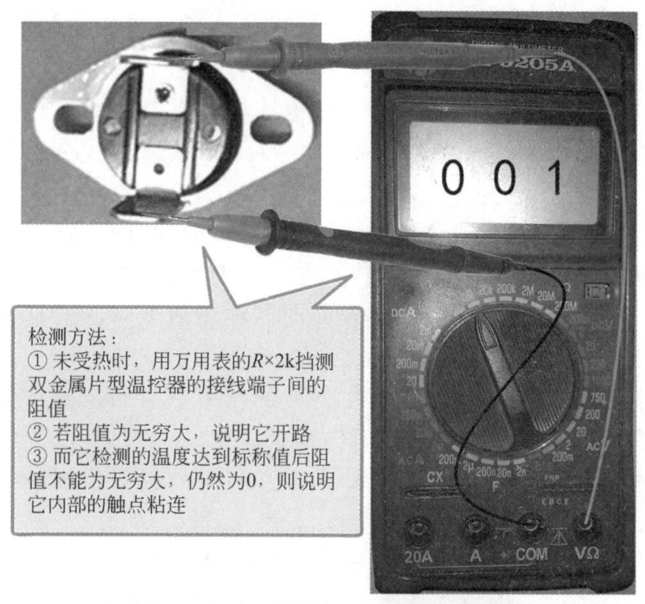

0 0 1
20A
A
COM
VΩ
检测方法：
① 未受热时，用万用表的R×2k挡测双金属片型温控器的接线端子间的阻值
② 若阻值为无穷大，说明它开路
③ 而它检测的温度达到标称值后阻值不能为无穷大，仍然为0，则说明它内部的触点粘连

图 3-59　万用表检测双金属片温控器

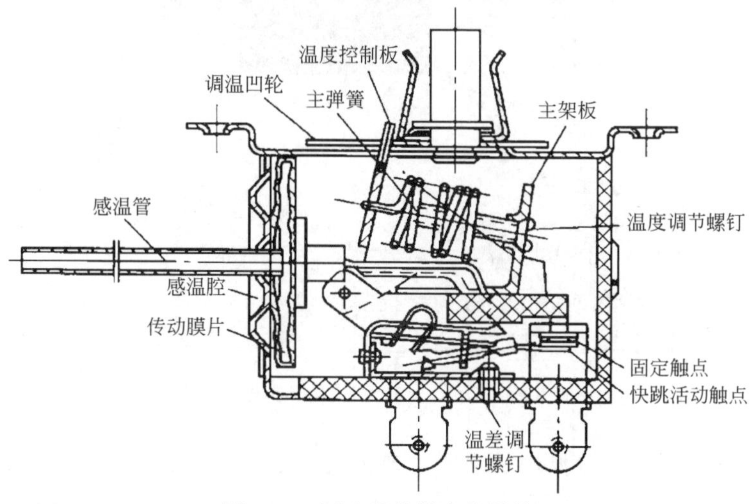

图 3-60　制冷温控器实物结构

电冰箱制冷温控器的主要作用是控制压缩机运转、停止时间，实现制冷控制，具体工作过程如下：

① 当电冰箱内的温度较高时，安装在电冰箱蒸发器表面上的感温管的温度也会随之升高，管内感温剂膨胀使压力增大，致使感温腔（感温囊）前面的传动膜片向前移动。

② 当升高到某温度时，动触点（快跳活动触点）与固定触点闭合，接通压缩机电动机的供电回路，压缩机开始运转，电冰箱进入制冷状态。

③ 随着制冷的不断进行，蒸发器表面的温度逐渐下降，感温管的温度和压力也随之下降，传动膜片开始向后位移。

④ 当降到某个温度时，动触点在主弹簧的作用下与固定触点分离，压缩机的供电电路被切断，压缩机停转，制冷工作结束。

⑤ 通过重复上述过程，温控器对压缩机运行时间进行控制，确保箱内温度在一定范围内变化。

电冰箱制冷温控器因调节比较频繁，很容易造成不灵敏或损坏，当出现故障时，可用万用表对它进行检测，具体操作方法如图 3-61 和图 3-62 所示。

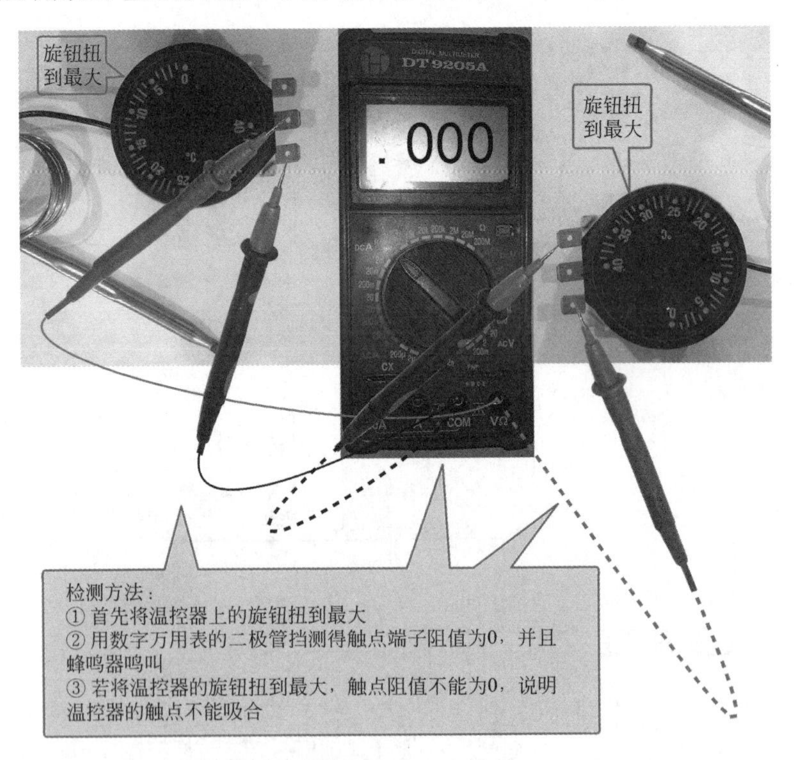

图 3-61 万用表检测制冷控制器（一）

用万用表笔测量制冷控制触点时，调节旋钮时观察阻值接近为 0，如果有断点则说明温控器不可正常使用。另外，需要注意的是，测量温控器前一定要断电并

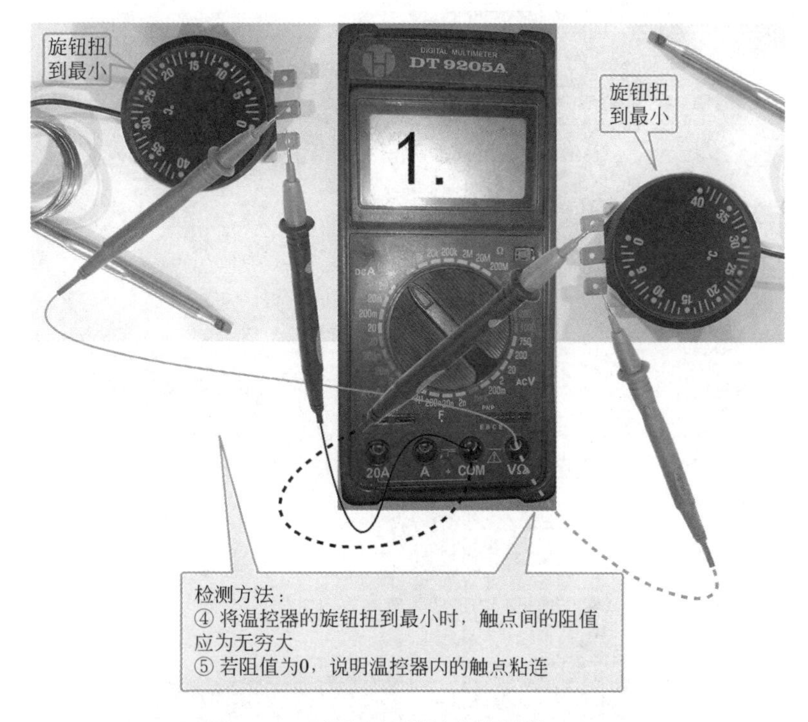

图 3-62 万用表检测制冷控制器（二）

将控制端子的接线拔掉，否则会造成测量不准确。

十四、用万用表检测定时器件

定时器是一种控制用电设备通电时间长短的时间控制器件，其应用比较广泛，例如空调器、洗衣机、微波炉、电磁炉、电风扇等几乎所有的家用电器中都有使用。定时器的种类很多，按结构可分为发条机械式定时器、电动机驱动机械式定时器和电子定时器等。

（一）用万用表检测发条机械式定时器

发条机械式定时器是由发条、主轴、凸轮等构成。此类定时器主要应用在普通洗衣机、电风扇、电压力锅等电子产品上，常见的几种发条机械式定时器如图 3-63 所示。

以洗衣机的脱水定时器为例，用数字万用表检测发条机械式定时器方法如图 3-64 所示。

需要指出的是，很多家电中的定时器在进入定时状态后，其触点大多是始终接通的。

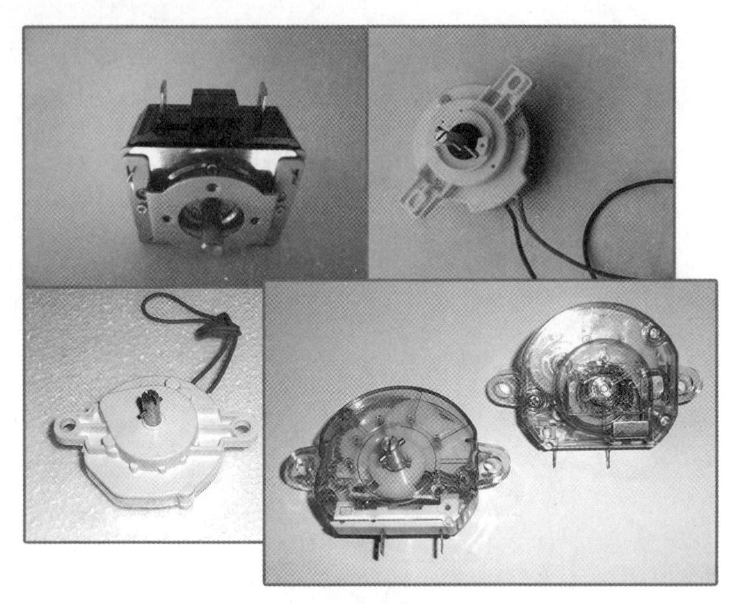

图 3-63 几种常见的发条定时器

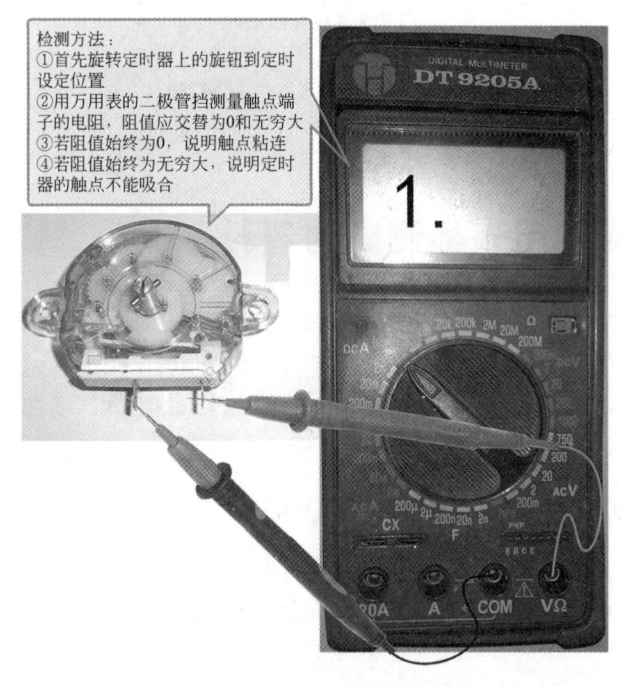

图 3-64 万用表检测发条机械式定时器

（二）用万用表检测电动机驱动机械式定时器

电动机驱动机械式定时器如图 3-65 所示，它是由电动机、齿轮、凸轮、触点等构成。在电动机驱动的定时器中，同步电动机驱动啮合主动齿轮的小齿轮，其中还有一系列的凸轮，凸轮慢慢转动，使凸轮表面升高与开关杆接触，开关杆的升高与落下使电磁线圈的电源接通或切断。

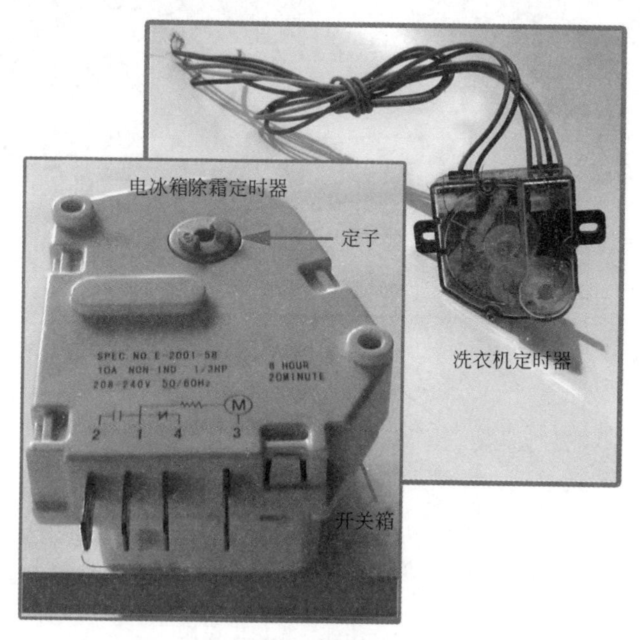

图 3-65　电动机驱动机械式定时器

以电冰箱除霜定时器为例，用万用表检测电动机驱动机械式定时器的操作方法如下：

① 首先测除霜定时器电动机绕组 1-2 或 1-3 两端子间的电阻，正常值应为 8kΩ 左右。

② 若阻值为无穷大，说明绕组开路。

③ 若阻值过小，说明绕组短路。

④ 其次测量 2-3-4 三个触点的 3 个接线端子之间的电阻，并旋转除霜定时器旋钮，正常时 3-4、3-2 端子间应交替通（阻值为 0Ω）断（阻值为无穷大）。

⑤ 若两个端子间的阻值不稳定，说明触点接触不良。

十五、用万用表检测电磁阀

电磁阀是用较小的电流、电压的电信号去控制流体管路通断的一种“自动开关”，通常应用于自动控制电路，由控制系统（又称输入回路）和被控制系统（阀门）两部分构成。电磁阀的种类很多，按内部结构可分为二位二通阀、二位三通阀、二位四通阀、二位五通阀等。家用电器中常用的电磁阀如图 3-66 所示，主要有进水电磁阀、排水电磁阀、四通换向电磁阀等。

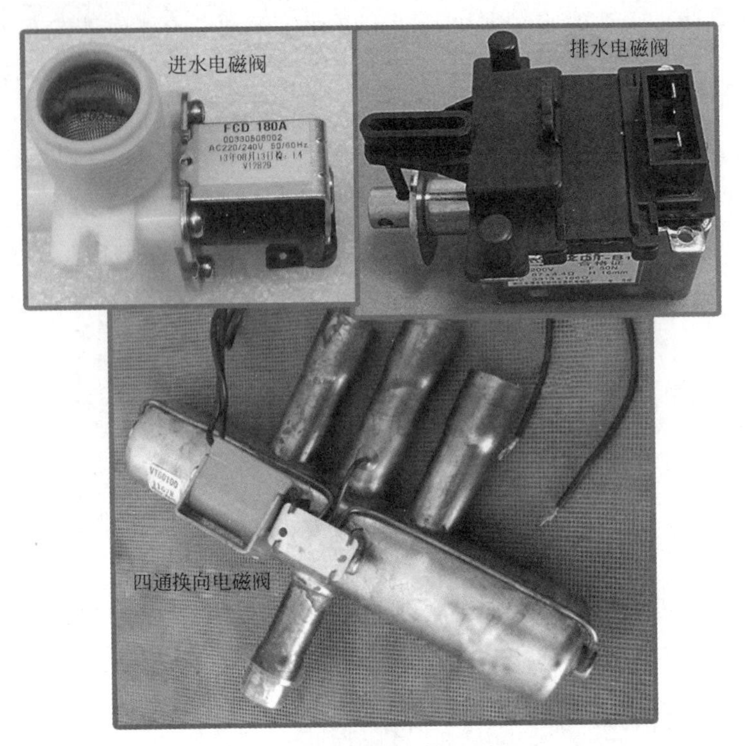

图 3-66 几种常见的电磁阀

（一）用万用表检测进水电磁阀

进水电磁阀属于二位二通电磁阀中的一种，主要应用在洗衣机、空气能热水器和饮水机等家用电器中。进水电磁阀是由铁芯、线圈、阀体、橡胶膜、橡胶塞、弹簧、泄压孔等构成。以洗衣机进水电磁阀为例，其工作原理如下：

① 当此线圈通电产生磁场后，线圈克服弹簧推力和铁芯的自身重量，将铁心吸起，橡胶塞随之上移，泄压孔被打开。

② 此时，控制腔内的水通过泄压孔流入出水管，使控制腔内的水压逐渐减小，阀盘和横膈膜在水压的作用下上移，打开阀门。

③ 这样，通过进水口流入的自来水就可以经过出水管注入洗衣机的水桶，实现注水功能。

④ 当进水电磁阀的线圈不通电时，不能产生磁场，于是铁芯在小弹簧推力和自身重量的作用下下压，使橡胶塞堵住泄压孔。

⑤ 此时，从进水孔流入的自来水经加压针孔进入控制腔，使控制腔内的水压逐渐增大，将阀盘和橡胶膜紧压在出水管的管口上，关闭阀门。

以检测海尔波轮全自动洗衣机的进水电磁阀为例，用数字万用表检测进水电磁阀的操作方法如图 3-67 所示。

不同的进水电磁阀的线圈阻值有所不同，但阻值多为 3.5～5kΩ。

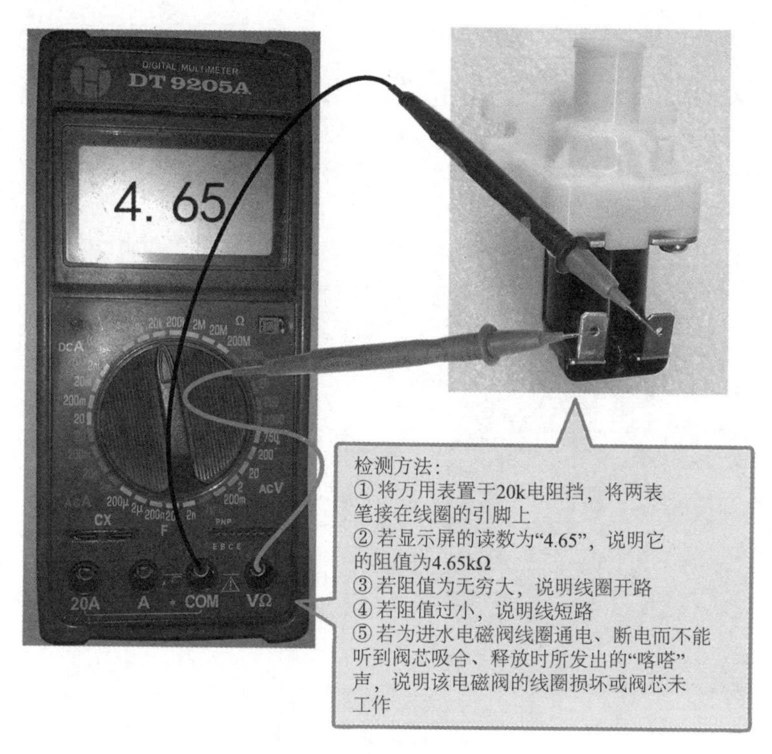

图 3-67 万用表检测进水电磁阀

（二）用万用表检测排水电磁阀

排水电磁阀是由线圈、衔铁、拉杆、弹簧、橡胶阀等构成。它的工作原理如下：

① 当为线圈通电产生磁场后，线圈吸引衔铁左移，通过拉杆向左拉动内弹簧。

② 导套内的外弹簧压缩后，使橡胶阀左移，打开阀门，将桶内的水排出。

③ 排水电磁阀的线圈不通电时，不能产生磁场，衔铁在外弹簧推力作用下向右移动，使橡胶阀被紧压在阀座上，阀门关闭。

以检测小天鹅全自动洗衣机的排水电磁阀为例，用数字万用表检测排水电磁阀的操作方法如图 3-68 所示。

另外，若为电磁阀的供电端子通电、断电，如不能听到电动机转动的声音，说明该排水电磁阀的电动机未工作。

（三）用万用表检测四通换向电磁阀

四通换向电磁阀简称四通阀，主要应用在空调器和空气能热水器中。它由导向阀和换向阀两部分组成。其中，导向阀由阀体和电磁线圈两部分组成。在热泵式冷暖空调器制冷系统中，四通换向电磁阀的作用主要是通过切换压缩机排出的

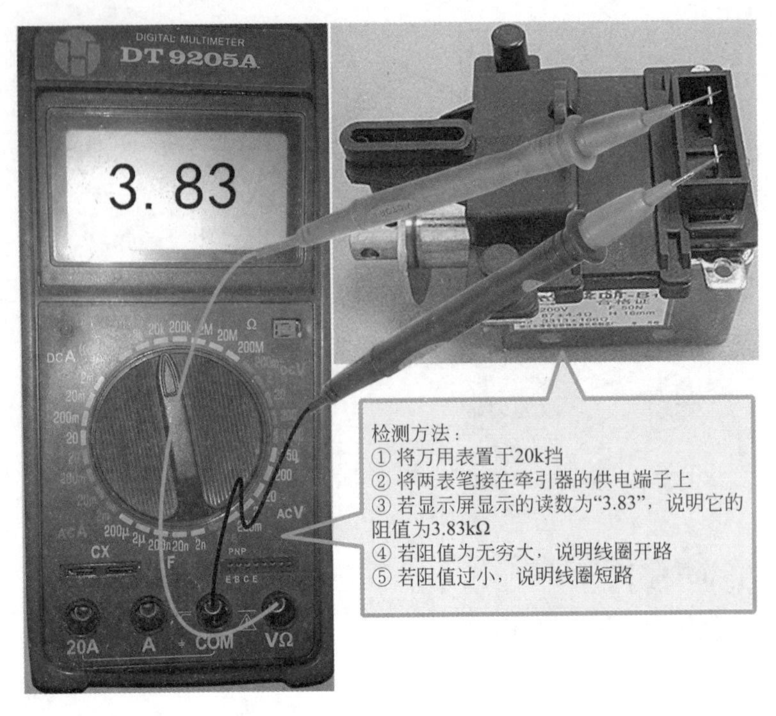

DIGITAL MULTIMETER
DT 9205A
3.83
检测方法：
① 将万用表置于20k挡
② 将两表笔接在牵引器的供电端子上
③ 若显示屏显示的读数为“3.83”，说明它的阻值为3.83kΩ
④ 若阻值为无穷大，说明线圈开路
⑤ 若阻值过小，说明线圈短路
20A
A
COM
VΩ

图 3-68 万用表检测排水电磁阀

高压高温制冷剂走向，改变室内、室外热交换器的功能，实现制冷功能或制热功能。四通换向电磁阀制冷制热工作原理如图 3-69 所示。

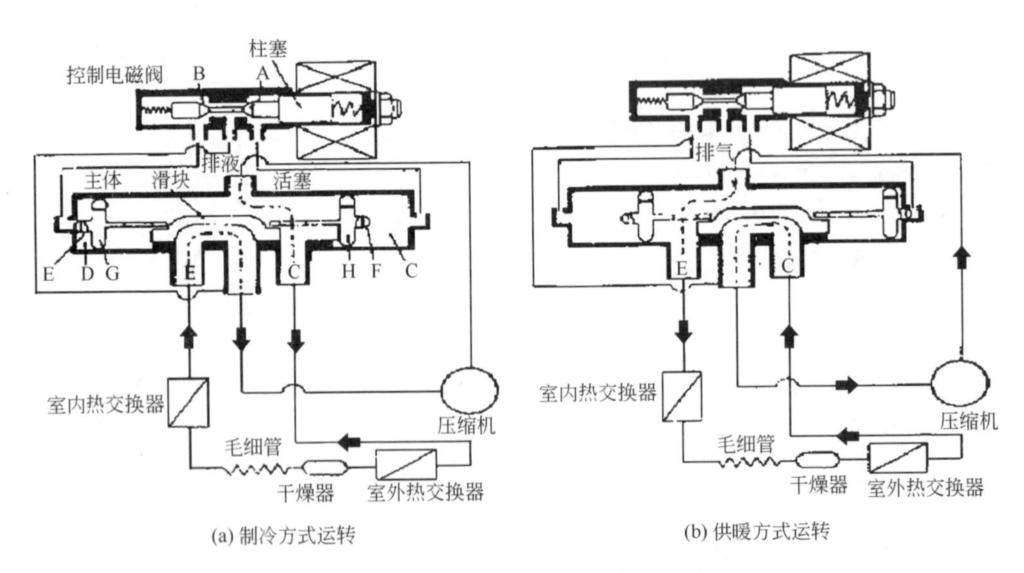

图 3-69 四通换向电磁阀制冷制热工作原理

用数字万用表检测四通换向电磁阀的操作方法如图 3-70 所示。

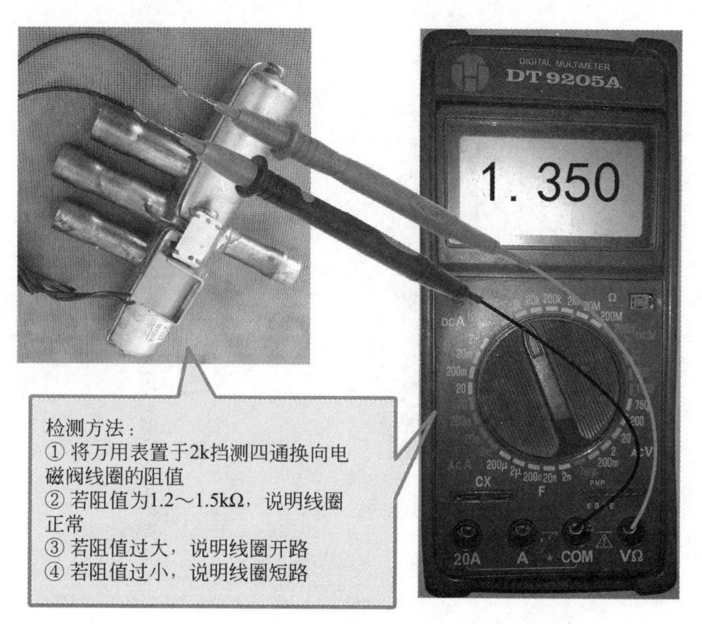

图 3-70 万用表检测四通换向电磁阀

还可以采用交流电压挡测量四通换向电磁阀线圈两端电压的方法进行判断，线圈两端有 220V 电压和没有 220V 电压时，四通换向电磁阀内部应该换向，反之，说明四通换向电磁阀已损坏。另外，通电后若线圈过热，说明线圈有匝间短路的现象。

十六、用万用表检测压缩机

空调器、电冰箱、空气能热水器压缩机的作用是将电能转换为机械能，推动制冷剂在制冷系统内循环流动，并重复在气态→液态下工作，在这个相互转换的过程，制冷剂通过蒸发器不断地吸收热量，并通过冷凝器散热，实现制冷的目的。

一般压缩机的接线端子，分为公共端子用“C”表示，运转绕组端子用“R”表示，启动绕组端子用“S”表示。空调压缩机实物如图 3-71 所示。

用万用表检测压缩机，主要是对压缩机内电动机绕组，电阻值及绕组的接线控制端子进行确认。空调器或电冰箱实际维修中，一般用数字万用表对压缩机绕组阻值和绝缘性能进行检测来判断压缩机是否正常。首先将电源切断，取下压缩机接线盒罩和压缩机接线柱上的连接导线，用万用表欧姆挡进行测量，具体操作方法如图 3-72 和图 3-73 所示。

若采用指针式万用表检测，测量压缩机绕组阻值时应用 $R\times1$ 挡；而测量压缩机绝缘性能时应用 $R\times1\text{k}$ 挡。

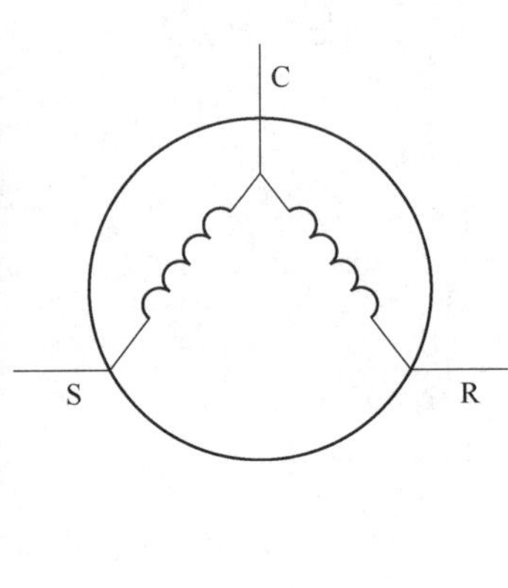

图 3-71　空调器压缩机

检测方法：
① 将万用表置于200k电阻挡用万用表电阻挡测绕组的阻值
② 正常时启动绕组CS和运行绕组CR的阻值之和等于RS间的阻值
③ 若阻值为无穷大或过大，说明绕组开路
④ 若阻值偏小，说明绕组匝间短路
DIGITAL MULTIMETER
DT9205A
59. 1
CX
F
ACV
20A
A
COM

图 3-72　万用表检测压缩机绕组阻值

检测方法：
①将万用表置于200M电阻挡
②将两表笔分别接压缩机绕组接线柱与外壳，测压缩机绕组接线柱与外壳间的电阻
③正常时阻值应为无穷大，反之，说明有漏电现象
DIGITAL MULTIMETER
DT 9205A
1.
20A
A
COM
VΩ
CX
F
ACV

图 3-73　万用表检测压缩机绝缘性能

十七、用万用表检测功率模块

功率模块简称 IPM，如图 3-74 所示。

在变频系列空调中，功率模块是一个主要的组成部件，其工作原理如下：

① 变频压缩机运转的频率高低，完全由功率模块所输出的工作电压的高低来控制，功率模块输出的电压越高，压缩机运转频率及输出功率也越大，反之，功率模块输出的电压越低，压缩机运转频率及输出功率也就越低。

② 功率模块内部是由三组（每组两支）大功率的开关三极管组成，其作用是将输入模块的直流电压通过三极管的开关作用，转变为驱动压缩机的三相交流电源。

③ 功率模块输入的直流电压（P、N 之间）一般为 260～310V，而输出的交流电压为一般不应高于 220V。

用指针式万用表可在路开路情况下，对功率模块进行检测判断。具体操作方法如下：

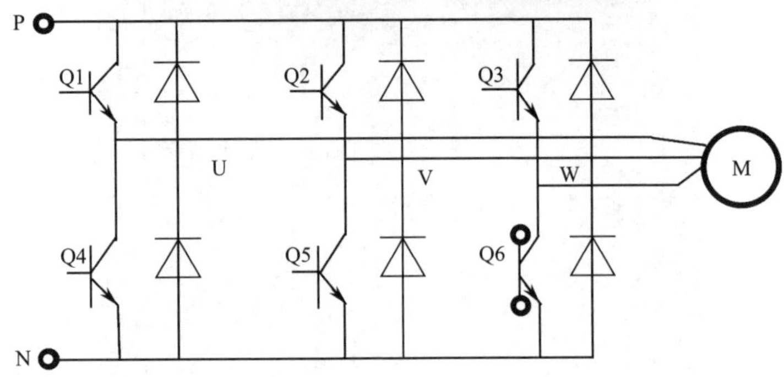

图 3-74 功率模块

(1) 在路检测方法 由于功率模块输入的直流电压（P、N 之间）一般为 260～310V，而输出的交流电压一般为不应高于 220V。用万用表直流电压挡如测得功率模块的输入端无 310V 直流电压，则表明该机的整流滤波电路有问题，而与功率模块无关；如果有 310V 直流电压输入，而 U、V、W 三相间无低于 220V 均等的交流电压输出，或 U、V、W 三相输出的电压不均等，则可初步判断功率模块有故障。

但有时也会因电脑板输出的控制信号有故障，导致功率模块无输出电压，维修时应注意仔细判断（可使用部件替换法）。

(2) 开路检测方法 在未联机的情况下，也可用测量 U、V、W 三相与 P、N 二相之间的阻值来判断功率模块的好坏。测量方法如下：

① 用指针式万用表的红表笔对 P 端，黑表笔分别对 U、V、W 端，其正向阻值应为相同。如其中任何一相阻值与其他两相阻值不同，则可判定该功率模块损坏。

② 用黑表笔接 N 端，红表笔分别接 U、V、W 三端，其每项阻值也应相等。

③ 如不相等，也可判断功率模块损坏，应更换。

若采用数字万用表测量，操作方法与指针万用表正好相反，用数字万用表红色表笔对 N 端，黑色表笔对 U、V、W，其阻值应相同。黑色表笔接 P 端，红色表笔接 U、V、W，其阻值应相同。

十八、用万用表检测磁控管

磁控管又称微波发生器，是微波炉的心脏。它主要由微波能量输出器、散热片、磁铁、灯丝及其两个端子构成，如图 3-75 所示。

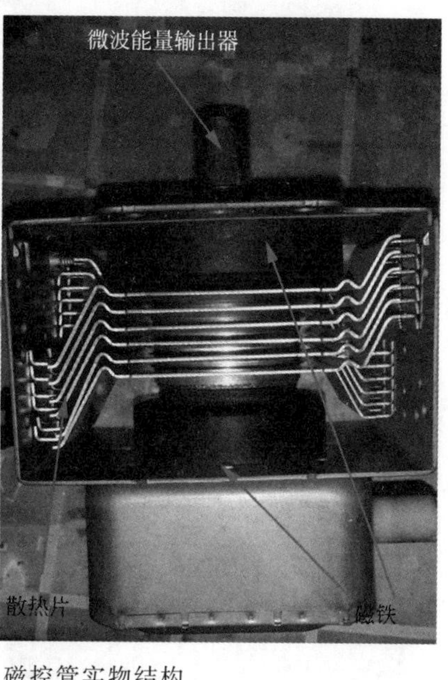

图 3-75 磁控管实物结构

磁控管工作时，高压变压器经倍压整流后，加至磁控管阴极上的直流电压为 2000～4000V（阳极接地），所以检测磁控管时应先放电，再进行检测。检测时，应先拆下磁控管灯丝接线柱上的高压引线（即切断导线，从电路上分离磁控管）。

磁控管故障大多表现为无微波输出，可用数字万用表检测灯丝的阻值和绝缘阻值是否正常为加以判断。两种检测方法的具体操作方法如图 3-76 和图 3-77 所示。

如采用指针式万用表测量，测量灯丝阻值时应置于 $R\times10$k 挡；测量绝缘阻值时应置于 $R\times10$k 挡。需要指出的是，以上测量只能估测磁控管是否正常，如磁控管性能不良时，可通过代换法进一步确认。

十九、用万用表检测三端稳压器

三端稳压器是一种直到临界反向击穿电压前都具有很高电阻的半导体器件。三端稳压器主要有两种：一种输出电压是固定的，称为固定输出三端稳压器；另一种输出电压是可调的，称为可调输出三端稳压器，其基本原理相同，均采用串联型稳压电路。

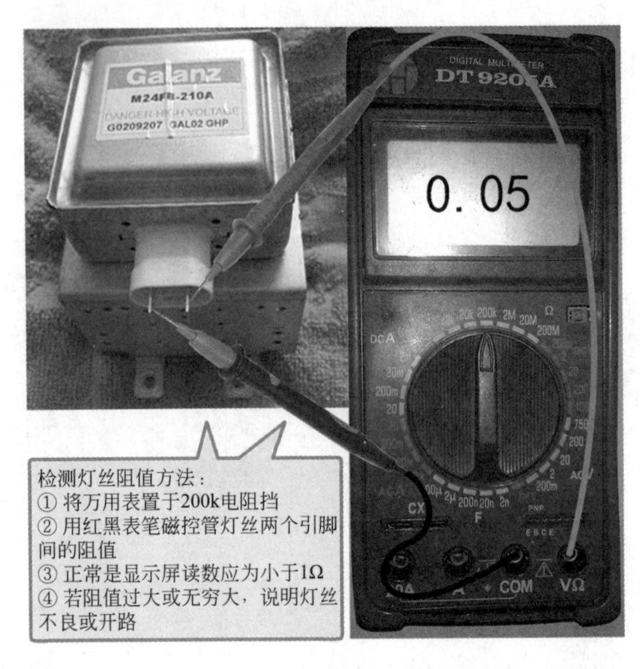

图 3-76 万用表检测磁控管灯丝

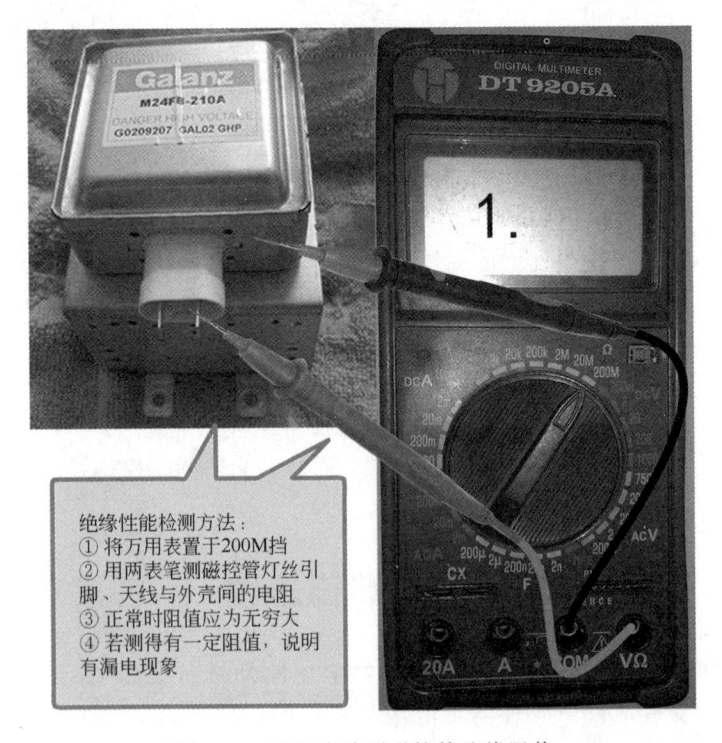

图 3-77 万用表检测磁控管绝缘阻值

三端稳压器的通用产品有 78 系列（正电源）和 79 系列（负电源），输出电压由具体型号中的后面两个数字代表，有 5V、6V、8V、9V、12V、15V、18V、24V 等档次。输出电流以 78（或 79）后面加字母来区分。L 表示 0.1A，M 表示 0.5A，无字母表示 1.5A，如 78L05 表示 5V/0.1A。下面 L7805 三端稳压器为例，介绍使用万用表对三端稳压器的检测方法。

L7805 三端稳压器如图 3-78 所示。它的 1 引脚为输入端；2 引脚为公共端（接地负极端）；3 引脚为输出端（输出＋5V 直流电压）。L7805 三端稳压器由恒流源、放大电路、调整管三部分组成。7805 三端稳压器当输入电压变动时，输出电压保持不变。L7805 的工作原理是将整流、滤波后的大于 8V 以上直流电压，输入到 7805 三端稳压器的 1 和 2 引脚后，经稳压后，由 2 和 3 引脚输出稳定不变的＋5V 直流电压。

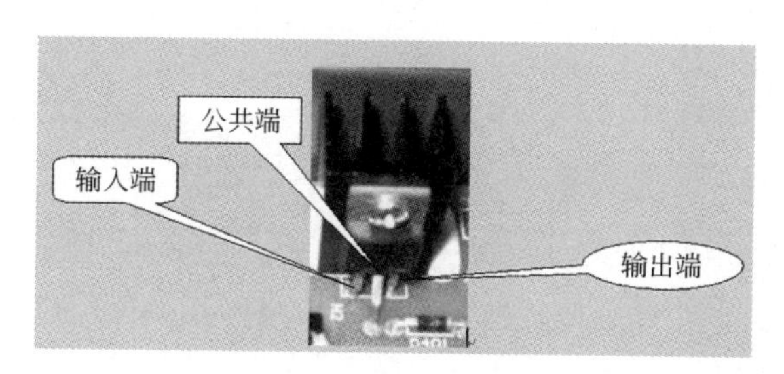

图 3-78　L7805 三端稳压器

下面介绍用电压法和电阻挡对三端稳压器 L7805 检测的检测方法。

电压检测法：将万用表置于 0～50V 直流挡，检测 L7805 三端稳压器的输入端 1 引脚与 2 引脚间应有约 30V 以下，8V 以上的直流电压，输出端 2 引脚与 3 引脚间应有＋5V 直流电压。反之，说明 L7805 坏。

电阻检测法：将万用表置于 $R\times1$、$R\times10$ 挡；对 L7805 三端稳压器的 1 引脚、2 引脚、3 引脚分别正反表笔检测电阻值应大于几十欧以上为正常。

需要指出的是，若在路对 L7805 检测，应先排除其他外围元器件的旁路电阻以准确判断。

第四讲

职业化训练课后练习

课堂一

万用表检测电视机故障实训

（一）故障现象：TCL L42E5300D(MS801 机芯)型液晶电视，通电后出现不定时自动关机，有时关机后用遥控能够开机，有时开不了机

万用表检测：对于此类故障首先用万用表监控主板 P001 插座处各电压（3.3V、24V）是否正常，然后检测电源板上 CE2、CE3（82UF/450V）处 380V 电压是否正常，再检测 L401 处 24V 电压输出是否正常，最后检查电源板上 U401（FSFR1700XS）各脚电压及外围元件是否有问题。

检测后记：实际维修中多因 U401（FSFR1700XS）有问题造成插座 P001 处与 L401 处均无 24V 电压从而引起此故障。

（二）故障现象：TCL 王牌 L32P60BD 液晶电视不开机

万用表检测：首先发现 3.15A 熔断器已烧毁发黑，说明电路存在短路故障。测主、副电源均无异常，再在路测 PFC 电路（L6563）外围元器件也无短路情况，最后测背光电路场效应管 QH1（SK3568/12A/500V）短路。采用同规格场效应管代换后，故障排除。

检测后记：背光电路场效应管 QH1 相关电路截图如图 4-1 所示。检修此类保险管因短路而烧毁时，在没查出短路处前不要贸然上电试机，以免造成更大的故障，增加维修的难度。排除短路故障试机之前，可采用 24V 灯泡做负载，将电路板上的 P-ON 接到 3.3V 电路上，上电试机，如果 24V 灯泡亮说明电源已修复了。

（三）故障现象：长虹 LED39B3000i(LM38IS-B 机芯)型液晶电视，不开机

万用表检测：对于此类故障首先用万用表检测 U8（TPS54328）输出的 5VSTB、+12V _ IN 是否正常，然后检测待机时序控制块 U3（AOZ4308）的+12V、+5V 电压是否正常，再检查 U3 及外围元器件（Q10 等）是否有问题。U3 相关电路如图 4-2 所示。

检测后记：实际维修中多因 Q10 损坏造成无+5V 输出从而引起此故障，更换 Q10 即可。

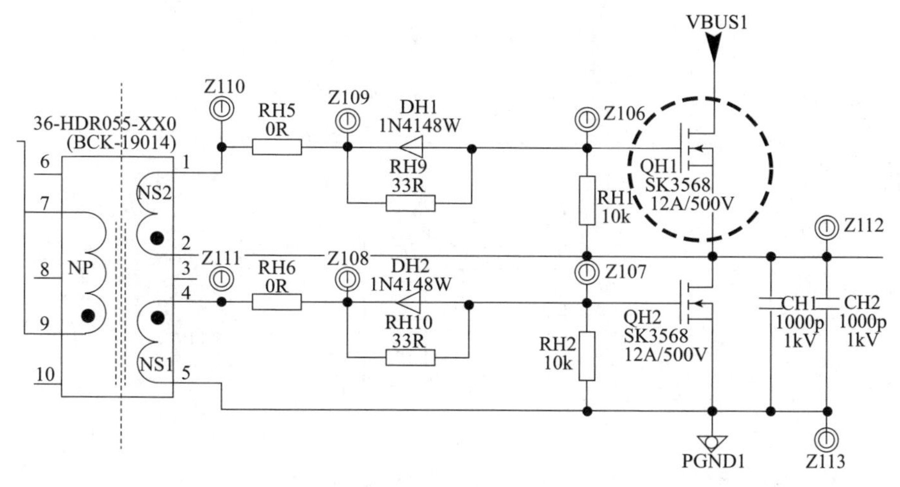

图 4-1 背光电路场效应管 QH1 相关电路截图

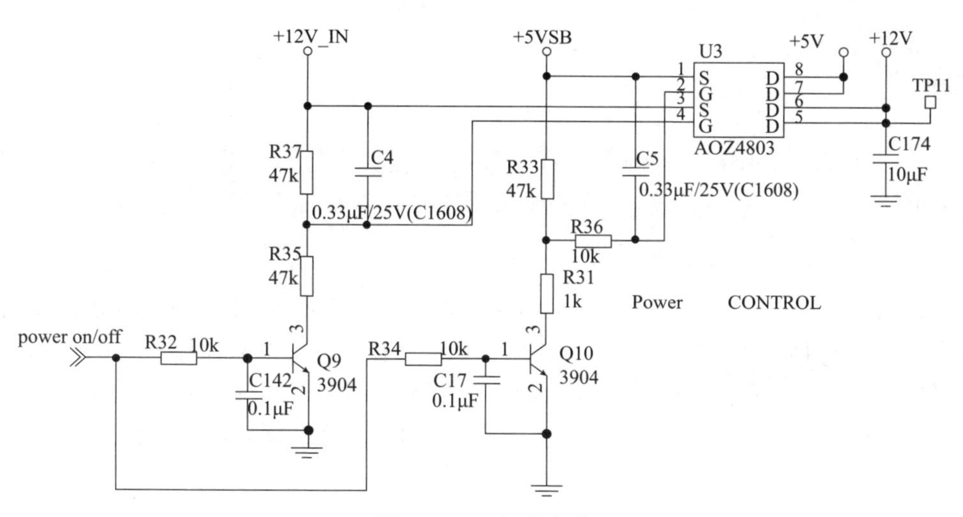

图 4-2 U3 相关电路

（四）故障现象：长虹 LED42B2000C(LS39SA 机芯)型液晶电视，所有信号输入均无声音

万用表检测：对于此类故障首先用万用表检测伴音功率放大 U802（TPA3110D）15、16、27、28 引脚 12V 供电电压（该电压由 U3 提供）是否正常，然后再检测 U3（AOZ4803）相关脚电压是否正常，再检查 U3 外围元器件 Q9、Q10、C142、C17 等元器件是否有问题。U802 及 U3 相关电路截图如图 4-3 所示。

检测后记：实际维修中多因电容 C142 漏电引起 U802 无 12V 供电而引起此故障。更换 C142 即可。

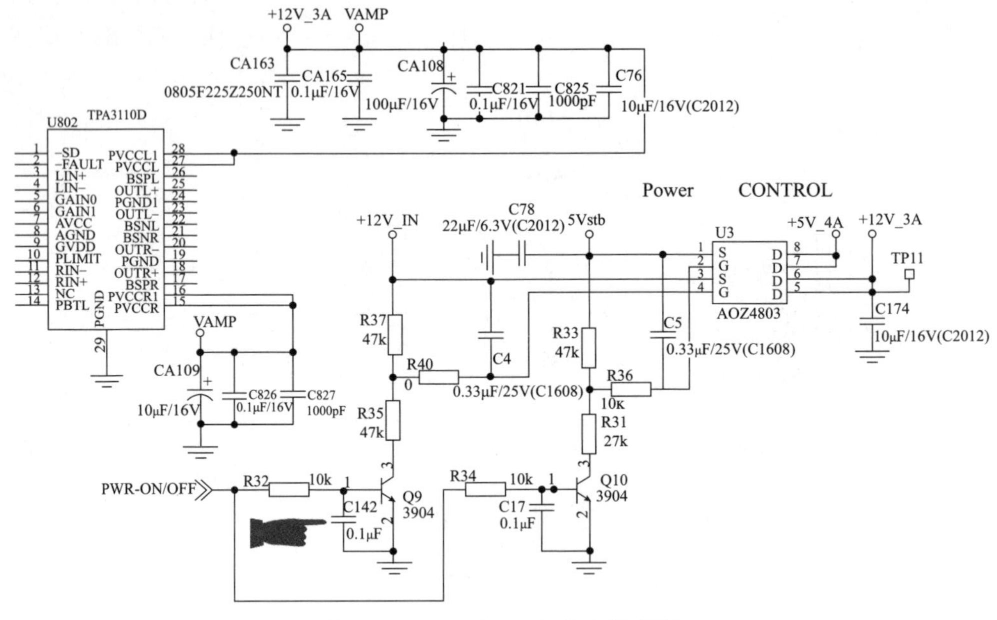

图 4-3 U802 及 U3 相关电路截图

（五）故障现象：创维 32L01HM 型液晶彩电不开机，多按几次开机键有时能开机，背光灯亮，但无图无声(有时有屏显)，且喇叭里有很大的噪声，此时键控、遥控全失灵

万用表检测：经万用检测发现 CPU 内核 1.26V 供电在 1.6～2.2V 之间波动，不稳定，再测 DC/DC 转换电路 NCP1595A 的 1 引脚（反馈取样端）电压在 0.8V 左右波动，也不稳定，进一步检测发现 R24 损坏。换新 R24 后，故障排除。

检测后记：该机属 8M19 机芯。电阻 R24 相关电路截图如图 4-4 所示。

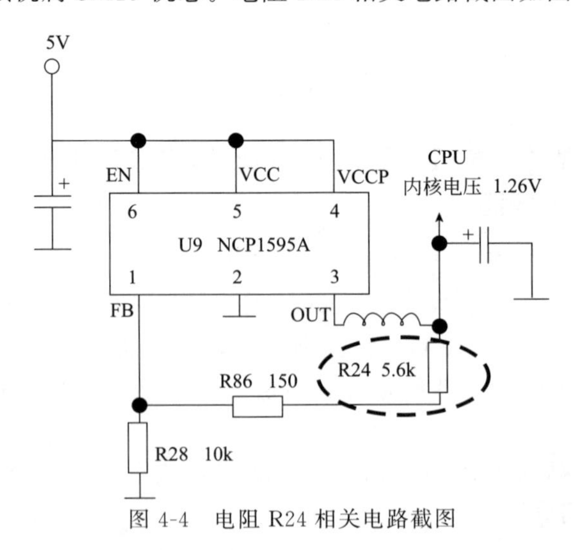

图 4-4 电阻 R24 相关电路截图

（六）故障现象：飞利浦 42PFL3605/93 型液晶电视指示灯不亮

万用表检测：首先拆机检查发现熔断器烧断，再用万用表测电源模块 U101 的 1、2 引脚的阻值很小，进一步测得与 1、2 引脚并联的 C103 电容短路。换新 C103 后，开机，5V 输出正常，按待机，蓝屏显示，故障排除。

检测后记：电源模块 U101 及电容 C101 在主板中的位置如图 4-5 所示。

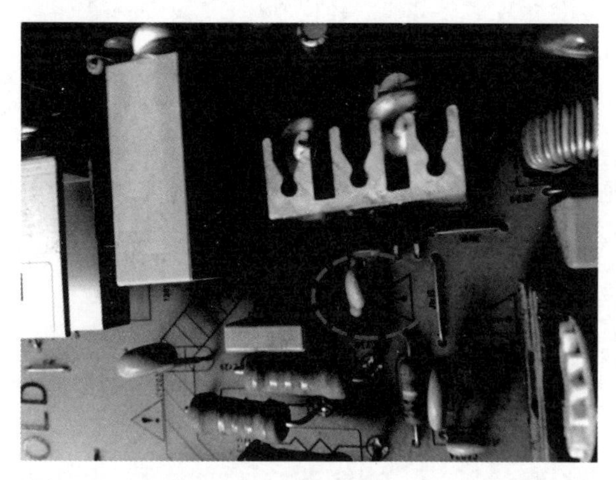

图 4-5 电源模块 U101 及电容 C101 在主板中的位置

（七）故障现象：海尔 29FA12-AM(8829/8859 机芯)型正常时上部有几条白色亮线，故障时场幅压缩

万用表检测：该故障应重点检查场输出电路是否正常，经万用表实测为 VD304（1JH45）击穿所致。换新 VD304 后，故障排除。

检测后记：VD304 相关电路截图如图 4-6 所示。

（八）故障现象：海尔 H55E09(HK. T. RT2968P92X 机芯)液晶电视不开机

万用表检测：该故障应重点检查电源部分。首先测量 12V 输入电压是否正常，如 12V 电压正常，则检测 U4（电源 ICAP1117）是否正常。实际多因 U4 损坏较多见，更换即可排除故障。

检测后记：该机电源是 N/A（四合一板卡 HK-T. RT2968P92X）。电源 ICAP1117 负责 3. 3V 转 1. 5V 给主芯片的内置 DDR 供电，相关电路原理如图 4-7 所示。

（九）故障现象：海信 LED32K01 型液晶彩电(RSAG7. 820. 2242)无伴音

万用表检测：该故障应重点检查功放电路和电源静音电路是否存在故障，实际中多因电源静音电路 V23（3924）集电极供电不良较多见。经测 V23 各脚电

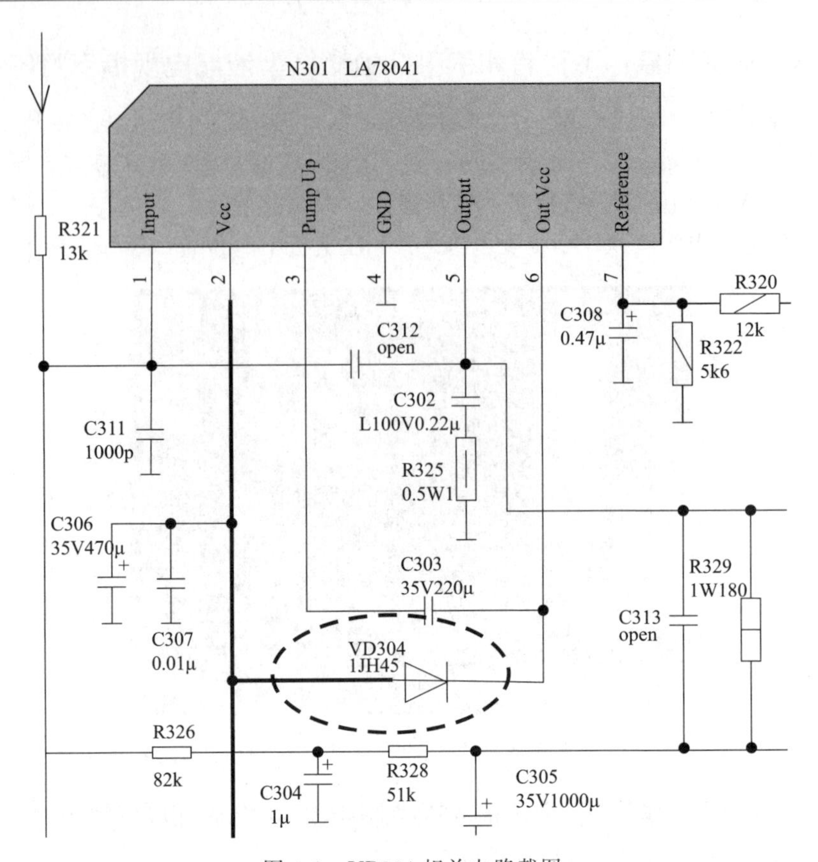

图 4-6 VD304 相关电路截图

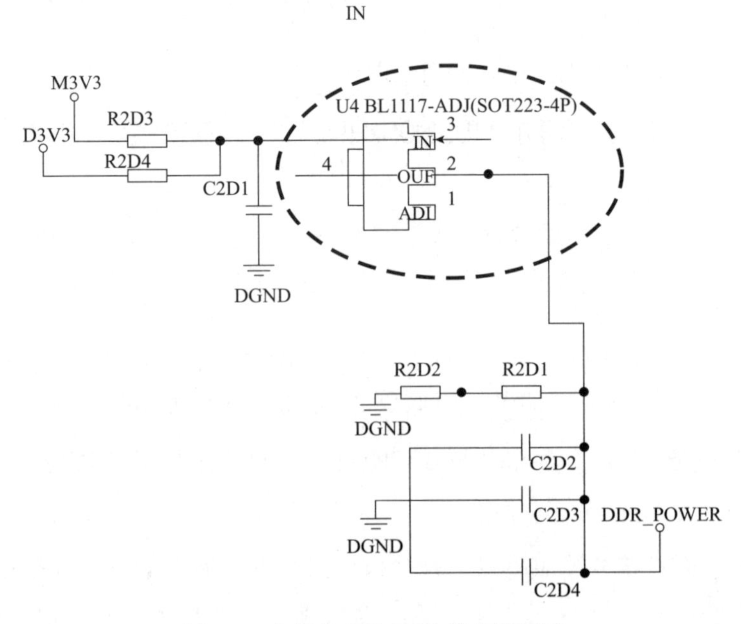

图 4-7 主芯片内置 DDR 供电原理图

压，基极为0.1V，集电极为0V，试插耳机重新测量，基极有0.63V的电压，集电极始终为0V。再测集电极供电阻R398（4.7K）已经开路，重新更换R398后通电试机，声音恢复正常，用万用表测量V23集电极电压为2.65V，耳机静音时为0V。

检测后记：该机为4717电源板。电阻R398相关电路截图如图4-8所示。

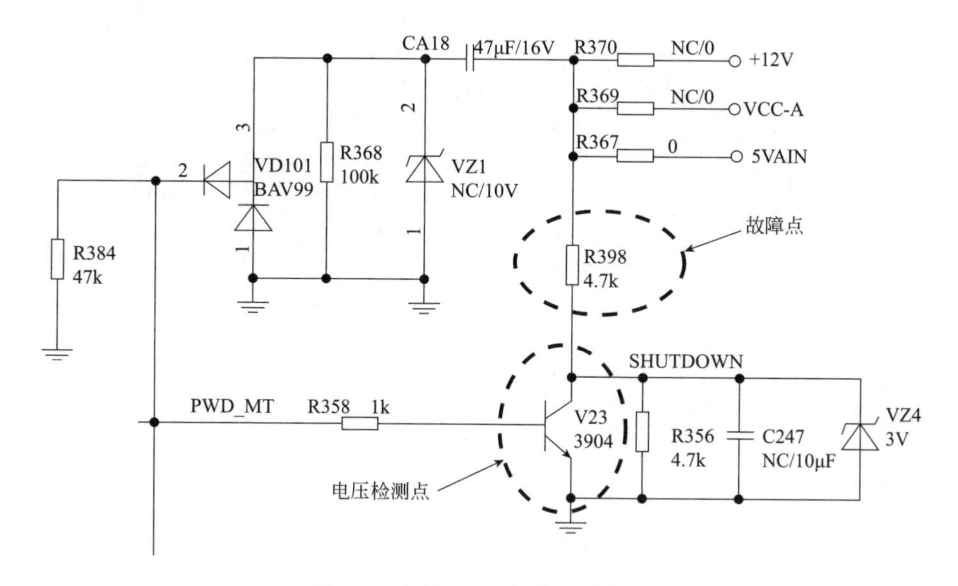

图4-8　电阻R398相关电路截图

（十）故障现象：海信LED32K01型液晶彩电红蓝灯闪烁不开机

万用表检测：该故障应重点检查电源板，具体用万用表测量开关电源IC N801（NCP1271）引脚电压，经测得6引脚供电压变化较大，再测R817、R813（10R）电阻阻值变大，更换后正常。

检测后记：该机为4555板电源。相关维修资料如图4-9所示。

（十一）故障现象：康佳LED32F3300型液晶彩电开机后，有伴音，无图像，背光始终不亮

万用表检测：初步用万用表测试背光灯供电压为97V左右，说明背光灯升压电路没有工作。关机后，用万用表电阻挡进一步测量背光驱动电路升压二极管VD751（SB2200）及升压开关管V701击穿，R714（M）、R715（4.7Ω）烧断。将上述损坏元件全部换新后，故障排除。

检测后记：该机该机背光灯电路如图4-10所示。正常情况下，LED正向电压应为168V左右。

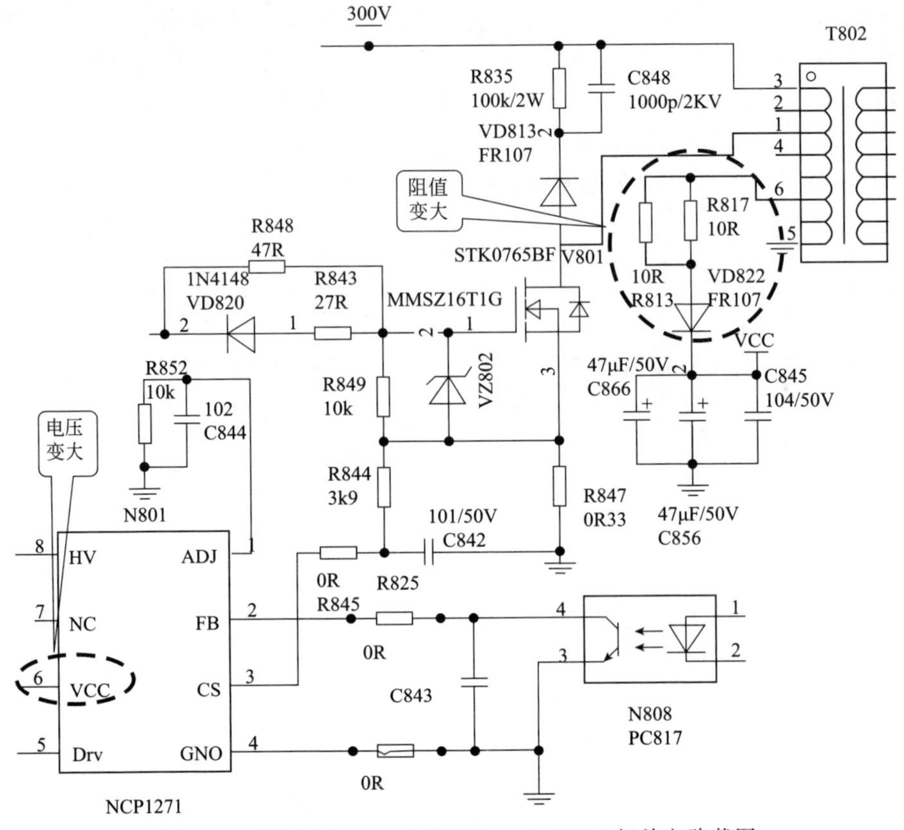

图 4-9　开关电源 N801 和电阻 R817、R813 相关电路截图

（十二）故障现象：康佳 LED42R6610AU 液晶电视开机后灰屏，伴音及各控制功能均正常

万用表检测：拆机，首先测电源板输出 12V 正常，再测逻辑板供电熔丝两端均无电压，关机后测该点对地短路，经查，为逻辑板排线旁的贴片电容短路所致，更换该贴片电容试机，测逻辑板仍无供电，说明主板还存在问题。经分析，逻辑板是由主板贴片 MOS ME9435A（如图 4-11 所示）提供工作电压，仔细查看其表面有烧焦的痕迹，采用同型号 MOS 管代换后，故障排除。

检测后记：MOS ME9435A 性能参数是：P 沟 30V/5.3A/2.5W。可采用 CEM9435A、FDS9435A 和 NDS9435A 等代换。

（十三）故障现象：乐视 TV X3-50 型安卓电视机不开机，LETV 指示灯不亮

万用表检测：该故障应重点检查电源板供电是否正常，具体用万用表检查电源部分输出电压，位置在电源板连接件 CN201 的＋12V，如图 4-12 所示。若没有供电压＋12V，则判断电源板损坏，更换电源板即可排除故障。

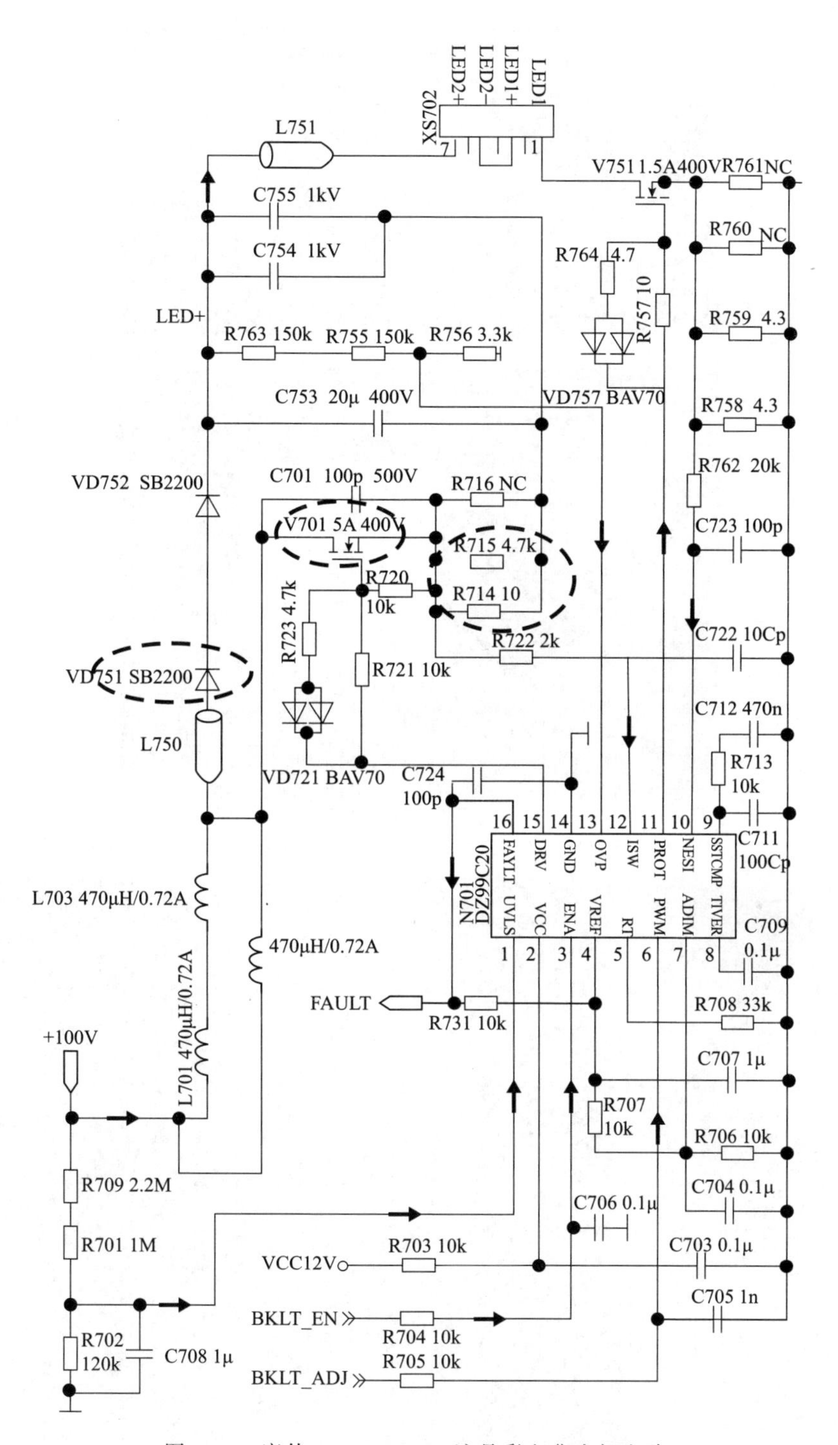

图 4-10 康佳 LED32F3300 液晶彩电背光灯电路

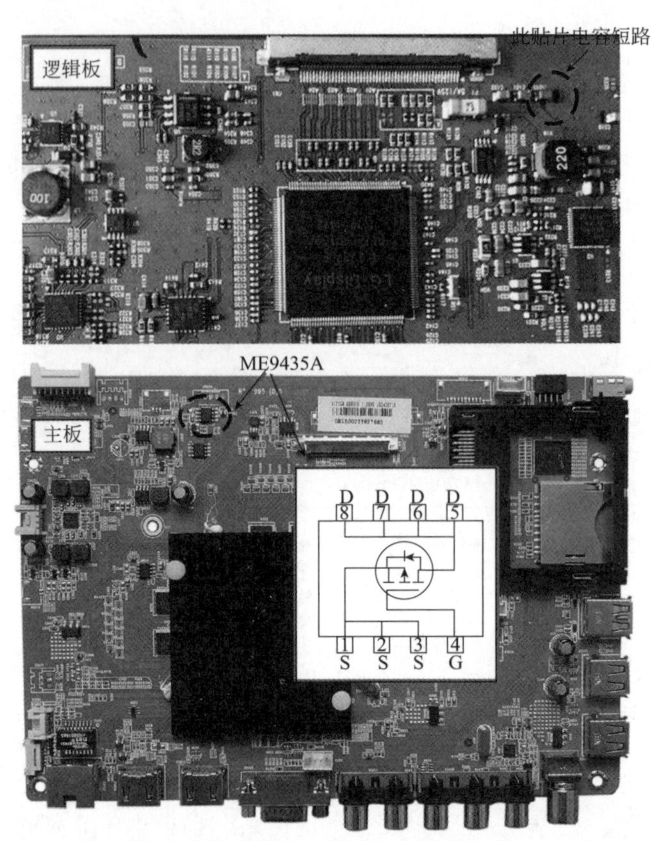

图 4-11　MOS ME9435A 在主板中的位置

图 4-12　电源板连接件 CN201

检测后记：需要注意的是，电源板高压部分不要用手触摸，即使拔下电源插头也不可以。

（十四）故障现象：三星 UA55C6200UF 55in 全高清 LED 电视收看中突然关机，红灯闪无声无光，继电器每 5s“嘀嗒”吸合一次

万用表检测：该故障应重点检查电源电路是否正常。断电，用万用表测量稳压 IC1011 的 3 引脚对地电阻几乎是 0，焊下 BD1042、BD1131 两只电感，再测量 IC1011 的 3 引脚对地电阻正常而 BD1131 右端对地阻值为 0。进一步检测 C7413，发现其短路，找一个近似电容代换之，通电开机背光点亮，故障排除。

检测后记：该例故障相关维修资料如图 4-13 所示。查找此类大电流烧机故障简单有效的方法是：找一节 18650 锂电，负极接高频头外壳，正极接表笔线往 BD1131 右端一戳，如立刻发现从 C7413 处冒烟即说明滤波电容短路。但要注意所采用的电压应低于电路正常工作电压且较高的电流输出能力。检测时要眼快手快，如发现冒烟变色等异常应立即断电，以免线路铜箔烧糊。

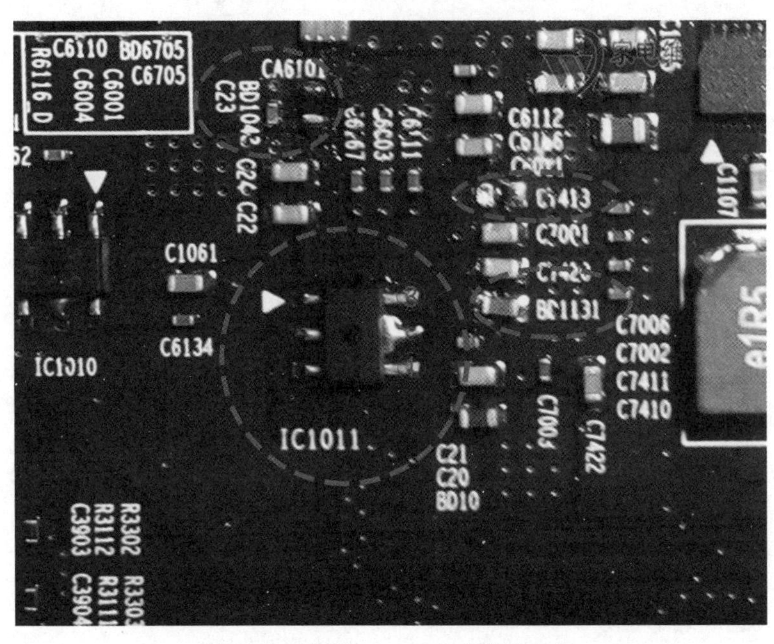

图 4-13　稳压 IC1011 相关电路资料

（十五）故障现象：三洋 32CE5130(MSTV69D. PB83 机芯)型液晶彩电红外指示灯亮，但背光灯灭

万用表检测：该故障应重点检查恒流升压电路。具体用万用表检测 UB801 的 PIN _ VCC 电压是否正常，如测得电压在 11V 以上，则说明 QB801、RB817 有可能损坏，采用同型号元器件代换即可排除。

检测后记：该机恒流升压电路 QB801、RB817 相关电路截图如图 4-14 所示。

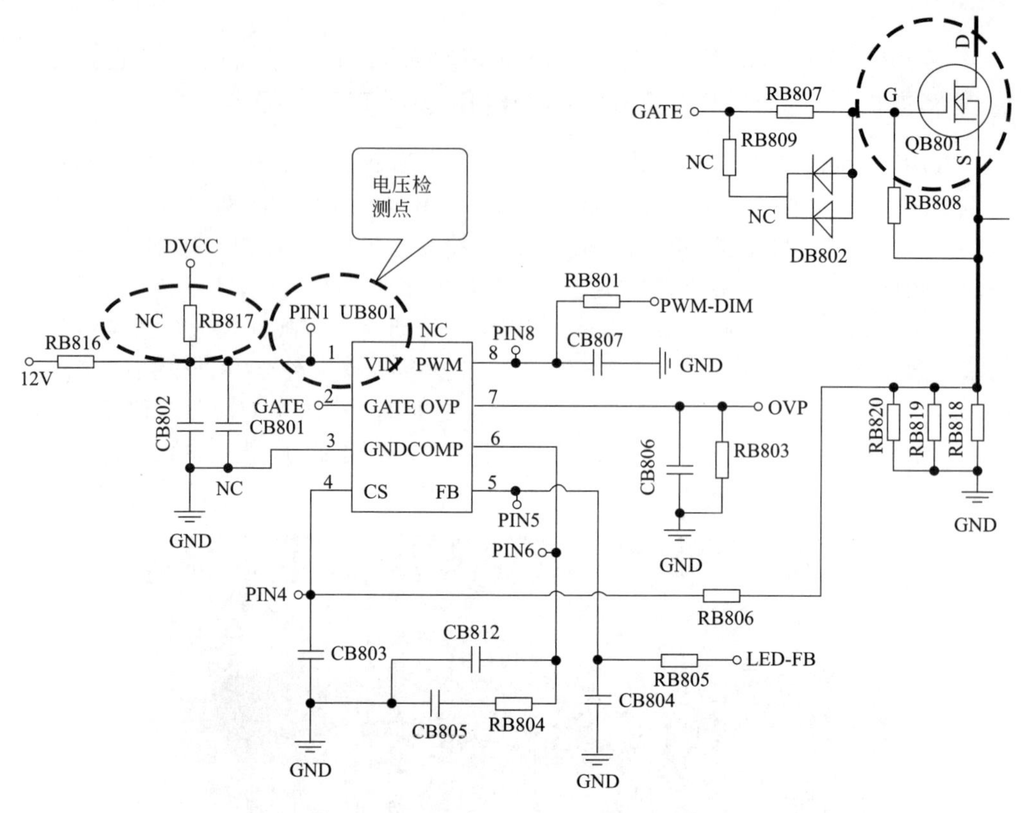

图 4-14　QB801、RB817 相关电路截图

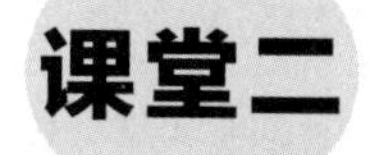

万用表检测电磁炉故障实训

（一）故障现象：艾美特 CE2088DL 型电磁炉上电开机放锅后出现断续加热

万用表检测：该故障应重点检查同步振荡电路，具体用万用表测 UC1（LM339N）的 9 引脚同相输入端，即 V＋取样对地电压是否正常（正常应为＋4V）。如测量电压异常，则将万用表拨至 $R\times100$ 挡，检查 U1C 的 9 引脚同相输入端相关电路元件是否存在故障，实际中多因电容 C21（101/50V）漏电使得同步取样电压 V＋与 V－相近较多见。将受损的电容 C21 换新，上电放锅，试机，加热，故障排除。

检测后记：该机同步振荡电路相关电路截图如图 4-15 所示。

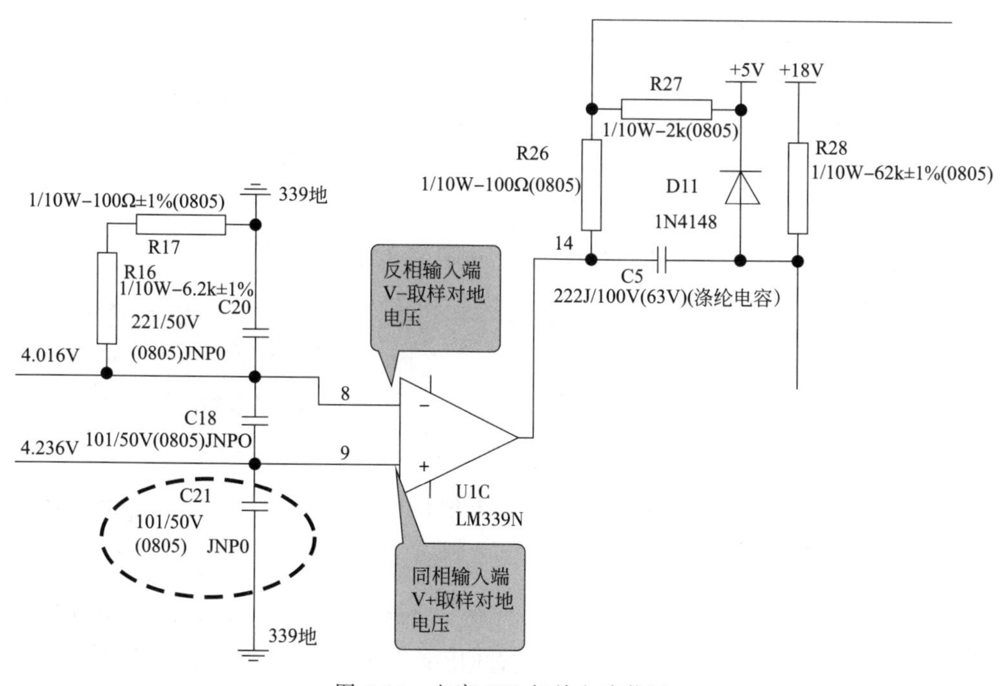

图 4-15　电容 C21 相关电路截图

（二）故障现象：奔腾 PC22N-B 型电磁炉通电无反应

万用表检测：检修该故障发现 FUSE1（12V/250V）熔丝管已经熔断，说明电路中存在漏电、短路的元器件。经用表数字万用表二极管挡检测发现 IGBT 管击穿短路，谐振电容 C3（0.03μ/1200V）存在漏电现象。换新上述元器件后，故障排除。

检测后记：相关电路维修资料如图 4-16 所示。

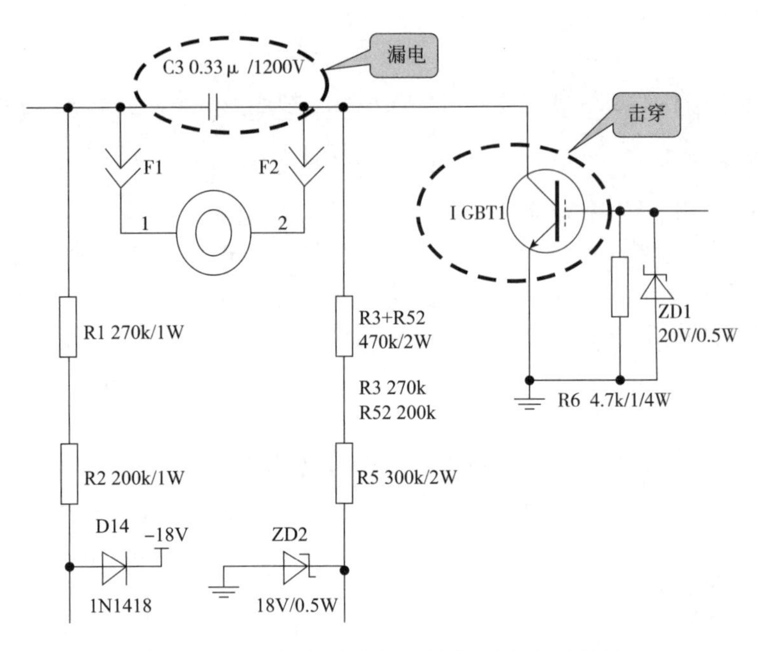

图 4-16 IGBT 管及谐振电容 C3 相关电路截图

（三）故障现象：德昕 TS-388A 型电磁灶整机不工作

万用表检测：该故障应重点检查低压控制电路，具体用万用表检测电容 EC1、EC2、EC3 和 EC4 处的电压是否正常，实际中多因电源集成电路 VIPerl2A 不良从而造成无电源输出较多见。换新 VIPerl2A 集成电路后，电磁灶恢复正常使用。

检测后记：该机低压控制电路相关维修资料如图 4-17 所示。

（四）故障现象：格兰仕 C18A-SEP1 型电磁炉通电测试，面板操作均正常，偶尔能正常加热

万用表检测：该故障可采用外加电源进行检修，具体在加电情况下用万用表检测 IC2 同向输入端的电压是否异常，实际中多因 R35 近似开路造成 IC2 工作失常较多见。更换一只 37kΩ 电阻后，机器工作正常。

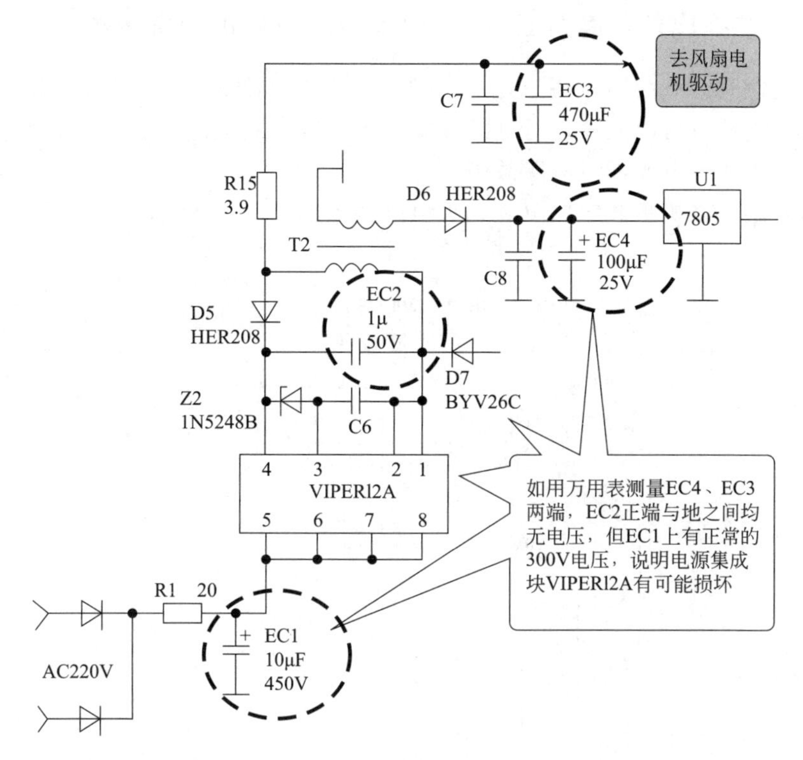

图 4-17 VIPerl2A 集成电路相关电路截图

检测后记：电阻 R35 相关电路截图如图 4-18 所示。

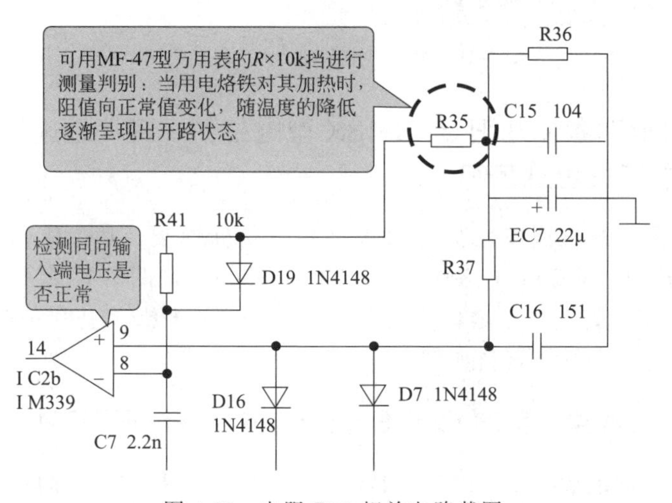

图 4-18 电阻 R35 相关电路截图

（五）故障现象：格力 GC-16 型电磁炉一开机即烧熔丝

万用表检测：该故障应用万用表分别测量低压电源电路或相关负载电路等各组电压输出端的对地电阻值进行判断，实际中多因负载电路 IC9（TA8316S）击穿短路较多见。换新 IC9 即可排除故障。

检测后记：该机负载电路 IC9 相关电路截图如图 4-19 所示。

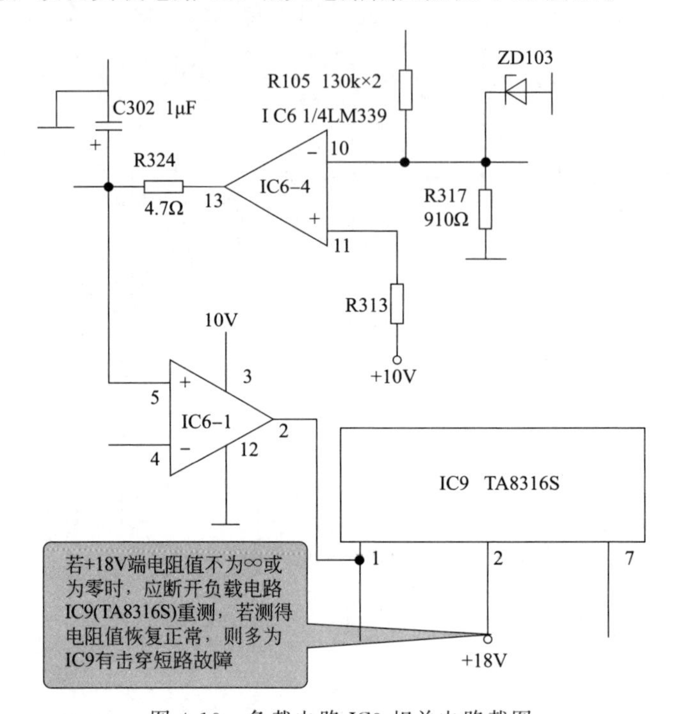

图 4-19 负载电路 IC9 相关电路截图

（六）故障现象：九阳 JYC-18X 型电磁炉“砰”地响了一声，不通电了，电源总开关也跳了闸

万用表检测：开机检查，发现 15A 熔丝管烧断爆裂，功率管击穿短路。经进一步检查实为三极管 Q14（S8050）和 Q15（S80550）两管性能不良所致。更换 Q14、Q15、IGBT 管、15A 熔丝管后，接上线盘，放上锅，上电开机，故障排除。

检测后记：相关维修资料如图 4-20 所示。

（七）故障现象：美的 C20-SH2050 型电磁炉报警不加热

万用表检测：该故障系 CPU（CHKS007）同步电路正、反向输入端电压相等所致，实际多因电阻 R15 损坏较多见。将电阻 R15 换新后试机，故障排除。

检测后记：该机 CPU 外围电路截图如图 4-21 所示。

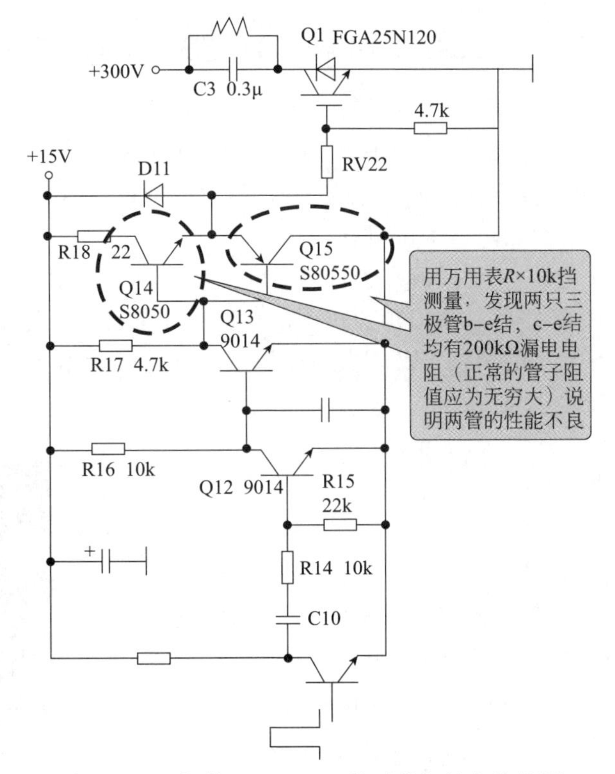

图 4-20　三极管 Q14、Q15 等元件相关电路截图

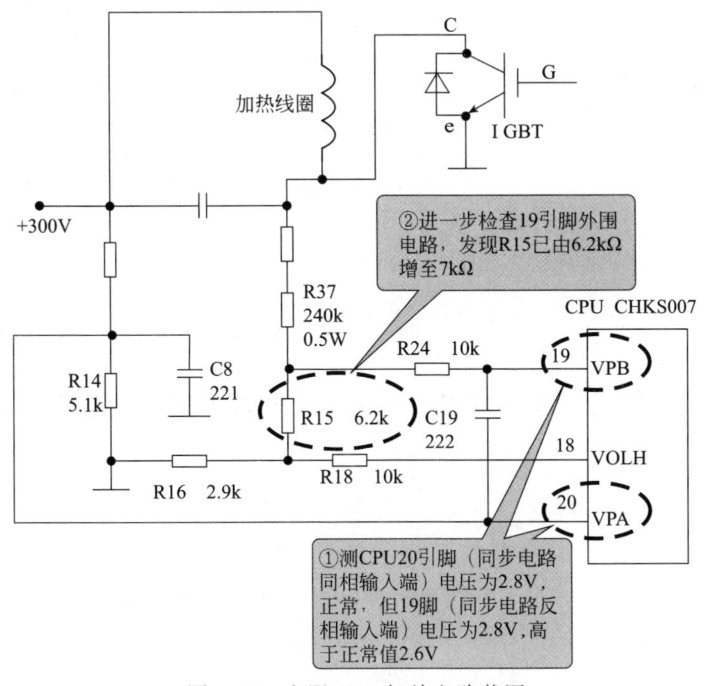

图 4-21　电阻 R15 相关电路截图

（八）故障现象：美的 C21-RK2101 电磁炉不能正常加热，也没显示故障代码

万用表检测：该故障应重点检查电压/电流检测电路是否正常。断开取样电阻 R10（240kΩ/0.5W）检测其阻值为无穷大，说明已开路。采用同规格电阻更换后，上电试机电磁炉能正常加热，故障排除。

检测后记：该电磁炉主板板号为 TM-S1-01W-A，电阻 R10 相关电路截图如图 4-22 所示。R10 开路后，造成单片机不能检测电压的变化，造成 CPU 芯片电流取样电压缺失，不能自动调整 PWM 做功率恒定处理持续工作下去，从而造成电磁炉不能正常加热故障。

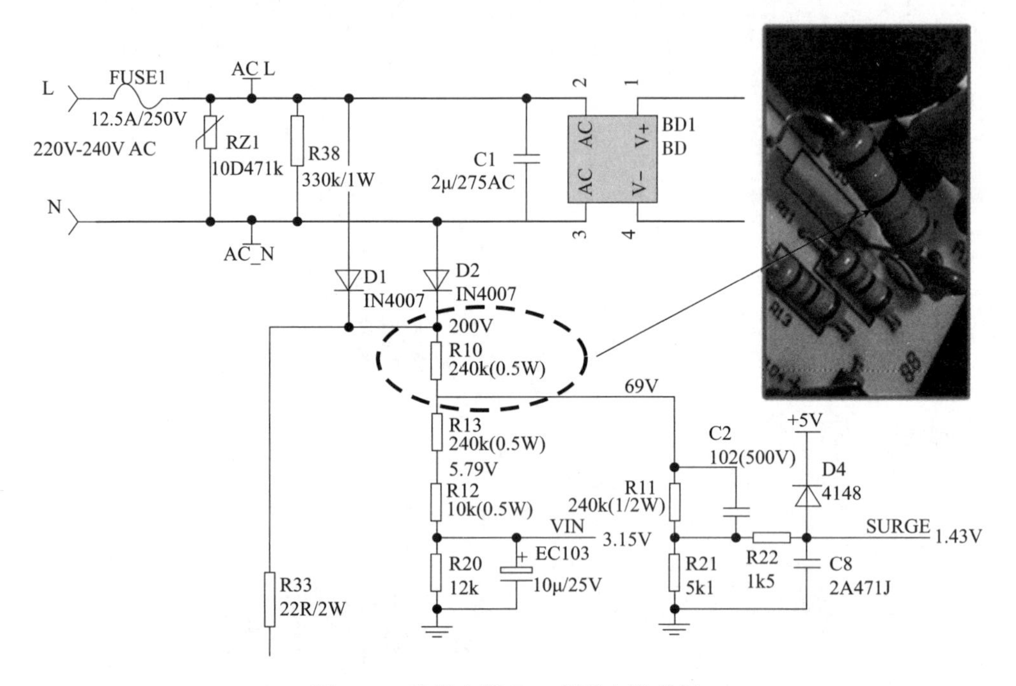

图 4-22 取样电阻 R10 相关电路截图

（九）故障现象：美的 C21-SK2103 型电磁炉，开机后无反应

万用表检测：初步检查发现熔丝管（12.5A/220V）发黑烧断，用万用表检测全桥 BD 及 IGBT 管（H12N120R2）击穿、稳压二极管 DW1（18V）击穿、三极管 Q2（S8050）击穿，说明该电磁炉存在严重短路故障。进一步用万用表检测单片机 U1（CHK-S007B）的 3 引脚在路和断开情况下电阻均为 33Ω，说明 U1 损坏。更换同型号单片机和上述损坏的元器件后，故障排除。

检测后记：相关维修资料如图 4-23 所示。

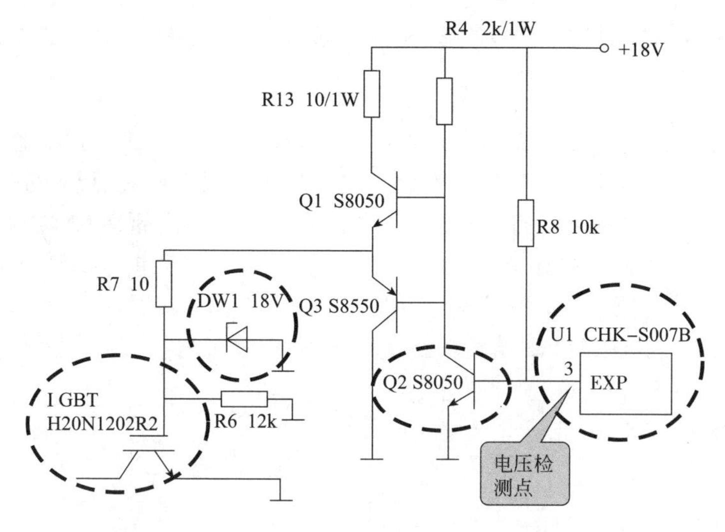

图 4-23　单片机 CHK-S007B 等相关元器件电路截图

（十）故障现象：奇声 C18A3-2 型电磁炉更换 IGBT 管，加热不到 5min 停止加热，且停止加热后数码显示随之熄灭

万用表检测：该故障应重点检查电源部分，具体用万用表测量滤波电容 C005 两端电压是否正常，实际多因整流二极管 D002 损坏造成电源电压偏低较多见，用一只快恢复二极管 FR204 代换 D002 后试机，故障排除。

检测后记：该机电源电路截图如图 4-24 所示。

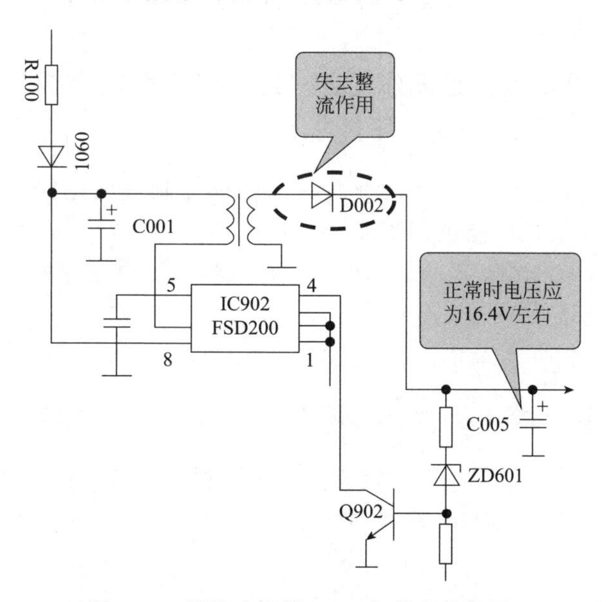

图 4-24　整流二极管 D002 相关电路截图

（十一）故障现象：尚朋堂 SR-1609 型电磁炉，底部进水，熔丝烧断，不加热

万用表检测：该故障应先对电路板进行清理，经清理发现 IGBT 管三个电极短路、熔丝烧断，更换损坏件后故障不变。进一步用万用表检查驱动 IGBT 管的两只三极管，发现 b 极与地之间有 121mV 压降；而与 b 极相连的是 LM339 的 13 引脚，将该脚悬空，再测 b 极与地之间的压降，分别是 640mV 和无穷大，判断 LM339 损坏。将 LM339 更换后故障排除。

检测后记：该机 LM339 相关电路截图如图 4-25 所示。

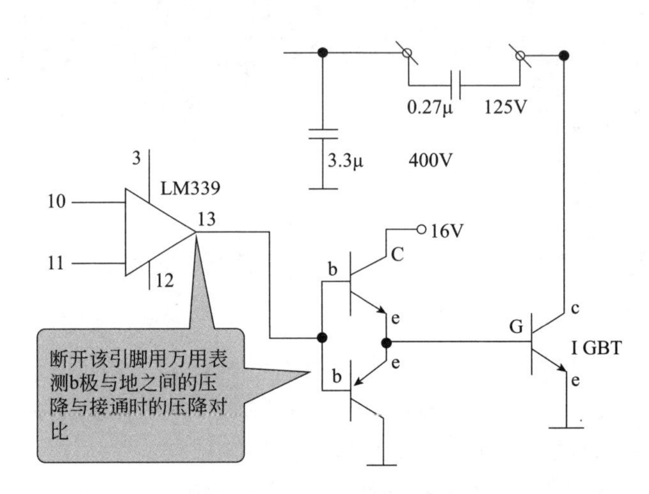

图 4-25　LM339 相关电路截图

（十二）故障现象：苏泊尔 C21-SDHC04 型电磁炉开/关机功能键正常，菜单功能失灵无法选择，不能加热

万用表检测：该故障应重点检查面板上菜单控制单元电路是否正常，经万用表检测二极管 D12 其正反向电阻值很小，取下，用 $R\times1$k 挡复测，证实其 PN 结已击穿损坏。取一只 1N4148 玻封二极管，按极性标注对应焊入 D12 位置，将面板装好，试机，故障排除。

检测后记：该机面板菜单控制单元电路截图如图 4-26 所示。

（十三）故障现象：万家乐 MC19D 型电磁炉不加热

万用表检测：该故障应用万用表重点检测采样电阻（4 个 240kΩ 大电阻）是否正常，实际中多因 240kΩ 大电阻其中两个开路较多见。换新同型号电阻后，故障排除。

检测后记：相关电路维修资料如图 4-27 所示。

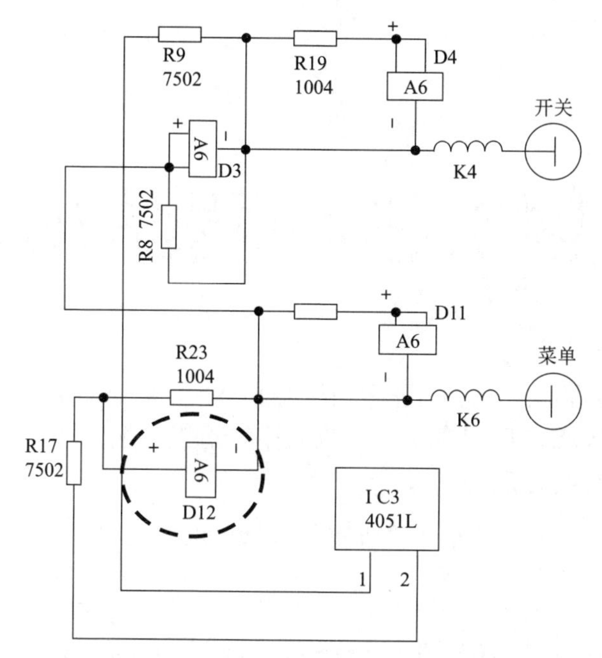

图 4-26 苏泊尔 C21-SDHC04 电磁炉面板菜单控制单元电路

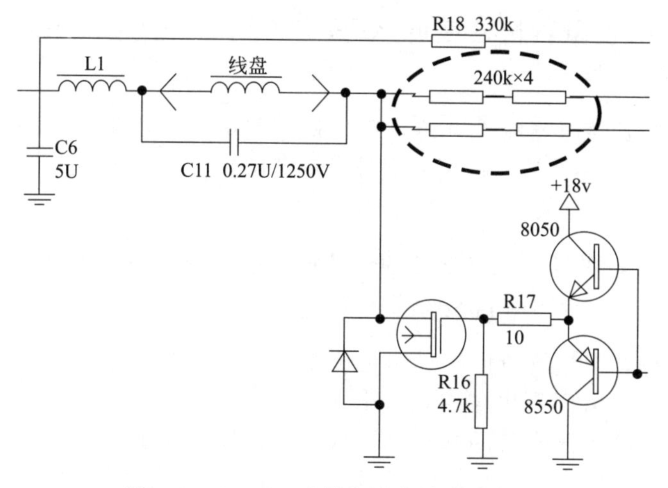

图 4-27 240kΩ 采样电阻相关电路截图

课堂三

万用表检测空调器故障实训

（一）故障现象：长虹 KFR-28GW/BP 型空调通电开机，将空调设定为制热运行状态，压缩机、室内风扇电动机工作正常，但室外风扇电动机不工作，20min 后压缩机停

万用表检测：该故障应重点检查室外机风扇电动机驱动控制电路，在关机情况下用万用表实测为启动电容 C501 不良所致。用同型号电容（2μF/450V）更换后试机正常。

检测后记：该机室外机风扇电动机驱动控制电路启动电容 C501 相关电路截图如图 4-28 所示。

（二）故障现象：长虹空调 KFR-28GW/BP 型空调开机后内机工作正常，外机不工作

万用表检测：该故障应重点检查室外机过欠电压检测电路，经用万用表实测为互感器 BT202 损坏所致。采用同型号互感器换新后，故障排除。

检测后记：该机过欠电压检测电路互感器 BT202 相关电路截图如图 4-29 所示。

（三）故障现象：格力 2-3P 型睡系列变频空调器不工作，显示“E6”故障代码，且外机板绿灯正常闪烁

万用表检测：根据故障代码显示可确定为通信故障，重点检查室外控制器电路，经在断电情况下用万用表的直流电压挡实测为电容 C504（编码 3332000130）击穿所致。采用高压瓷片电容 103/1kV 代换后，故障排除。

检测后记：该机室外控制器电阻 R501 及电容 C504 相关资料如图 4-30 所示。需要注意的是，C504 不能直接更换普通的瓷片 103 电容，如无此电容或不具备更换条件，则直接更换外机控制器。

（四）故障现象：海尔 KFR-28GW/01B(R2DBPQXF)-S1 型变频空调完全不工作

万用表检测：该故障应重点检查主板上 7805 的输入电压 DC12V 和输出电压 DC5V 是否正确，经用万用表实测其输入电压正常，而无输出，说明 7805 损坏。换新 7805 后，故障排除。

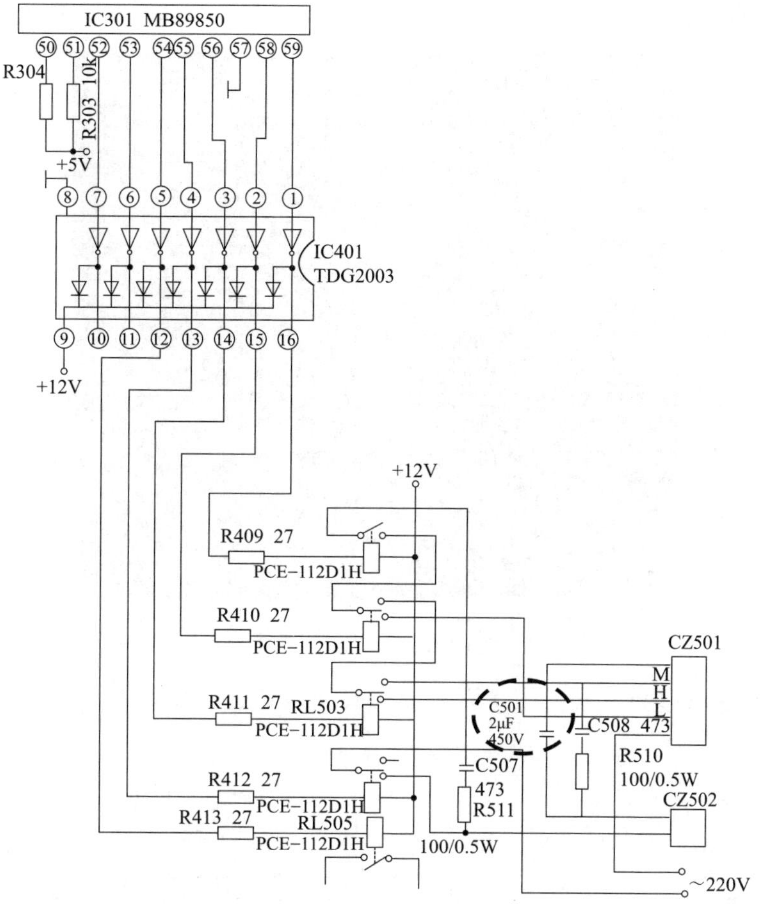

图 4-28 启动电容 C501 相关电路截图

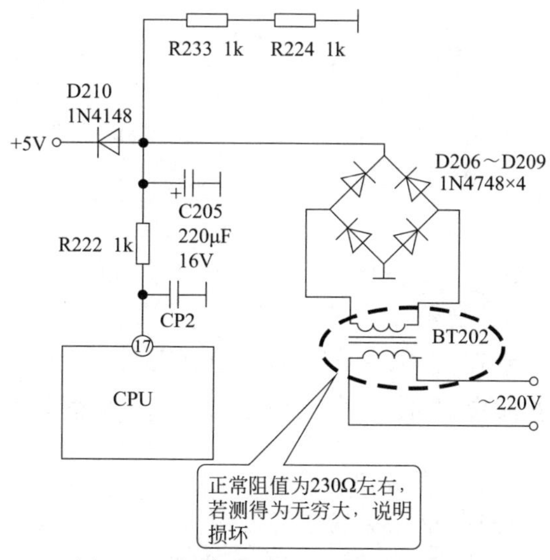

图 4-29 互感器 BT202 相关电路截图

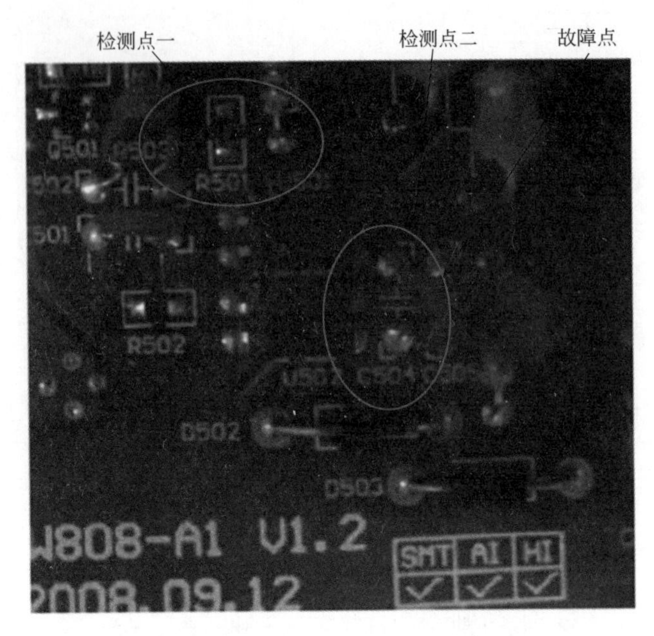

图 4-30　电阻 R501 及电容 C504 相关资料

检测后记：该机三端稳压集成电路 7085 相关电路截图如图 4-31 所示。

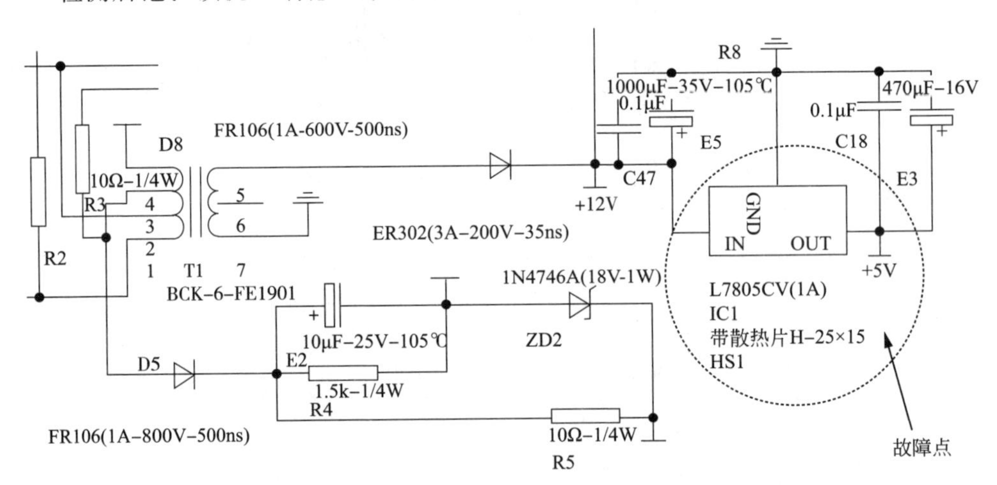

图 4-31　三端稳压集成电路 7085 相关电路截图

（五）故障现象：海尔 KFR-28GW/HB(BPF)型空调内机工作约 20min 后内机风速忽高忽低，外机停止工作，报运转灯灭，制热灯亮，制冷灯闪

万用表检测：该故障应重点检查空调电源电压是否正常，经用万用表实测在空调升频时用户的电源电压在 170～200V 之间波动，直至空调报故障停机。重新

更换电源插座，空调供电的电压正常，试机正常，故障排除。

检测后记：检测该类型故障，如果不仔细检查用户电源，盲目拆机、换板，将会走很多弯路，降低维修效率。

（六）故障现象：海信 KFR-26G/27ZBP 型空调在气温 35℃以上无法启动

万用表检测：该故障应重点检查变频模块板上的电流检测电路及电压保护电路是否正常，经用万用表实测反馈电阻 R119 及 R147 开路所致。换新损坏的元器件，上变频模块板，连上连线，开机故障排除。

检测后记：该机变频模块反馈电阻 R119 及电压保护电路 R147 相关电路截图如图 4-32 所示。

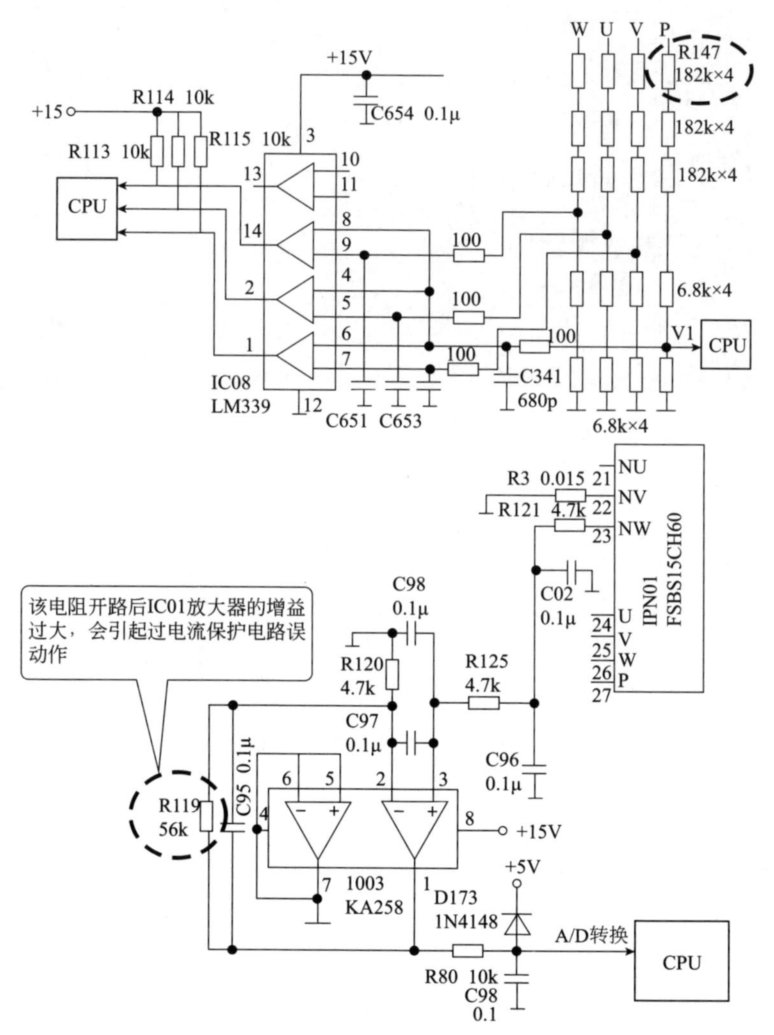

图 4-32　反馈电路 R119 及 R147 相关电路截图

（七）故障现象：海信 KFR-26G/77VZBP 空调开制冷，内风机工作正常，外风机及压缩机不工作；显示屏显示室内温度，但室外温度不能正常显示

万用表检测：首先测量 S，N 端子电压为 24V 左右，无跳变；无故障代码。说明外风机信号不能正常传送给内机，初步判断为外机通信电路故障。拆机重点对外风机通信电路中的 TH01、R10、R11、D5 进行排查，检查 R10 时发现其断路。身边一时找不到 4.7kΩ 电阻，采用两只 2.4kΩ 电阻串联代换后，故障排除。

检测后记：该机外机通信电路参照图及电阻 R10 在主板中的位置如图 4-33 所示，供维修检测代换时参考。

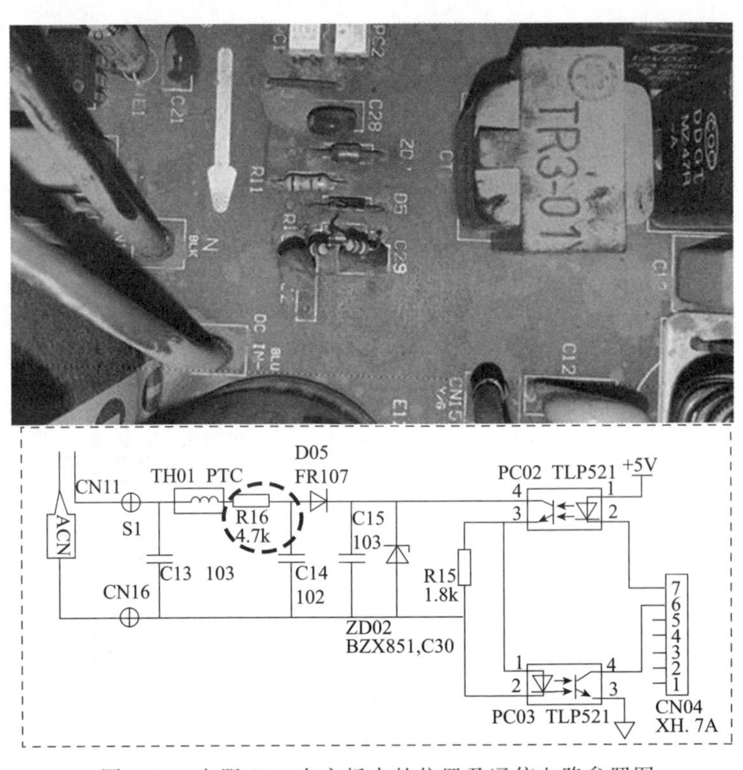

图 4-33 电阻 R10 在主板中的位置及通信电路参照图

课堂四

万用表检测电冰箱故障实训

（一）故障现象：帝度 BCD-260TGE 型电冰箱压缩机不启动

万用表检测：该故障应重点检查 PTC 启动器是否损坏、主控板供电压是否正常，经用万用表检测为 PTC 启动器损坏所致。更换同规格 PTC 启动器后，故障排除。

检测后记：该机电气原理如图 4-34 所示。

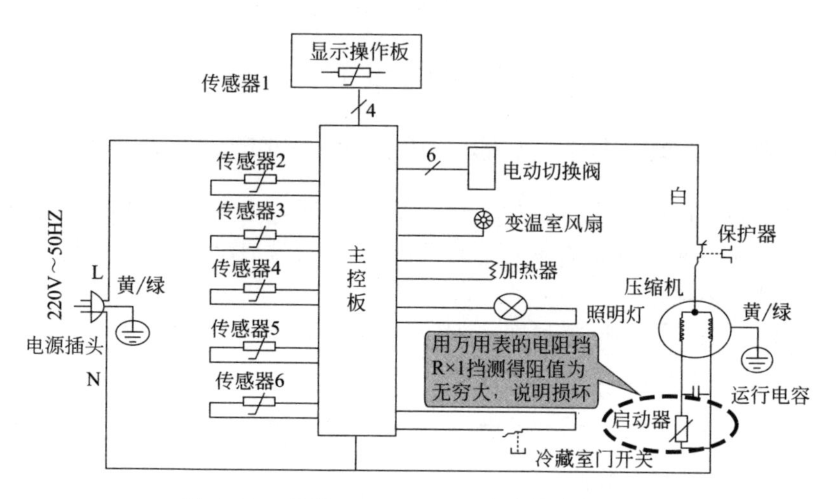

图 4-34　帝度 BCD-260TGE 电冰箱电气原理

（二）故障现象：格兰仕 BCD-210W 冰箱不化霜

万用表检测：该故障应重点检查化霜定时器和化霜加热器是否正常。先用万用表的交流电压挡测化霜加热器两端电压为零，说明化霜定时器有可能损坏，进一步采用电阻测量法对化霜定时器电动机绕组进行检测，测得阻值为无穷大，说明绕组开路。更换同规格化霜定时器后，故障排除。

检测后记：该机化霜定时器如图 4-35 所示。值得注意的是，当化霜定时器触点接触不良，也会出现类似故障。

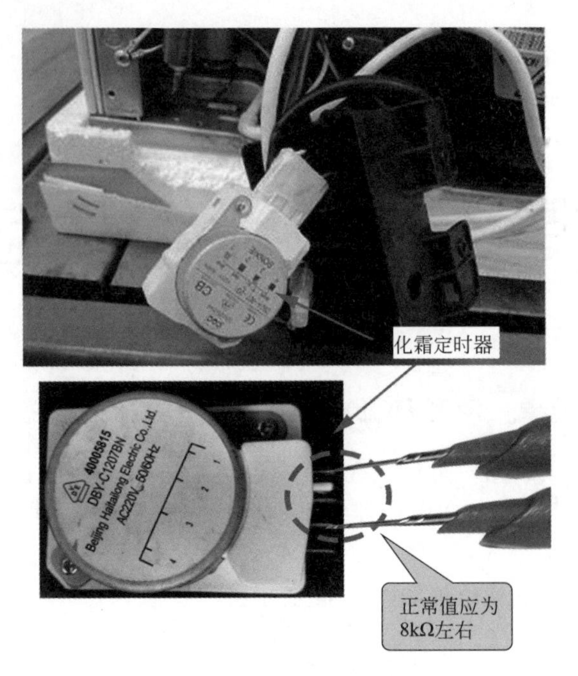

图 4-35 格兰仕 BCD-210W 冰箱化霜定时器

(三)故障现象：海尔 BC/BD-106B 型卧式电冰柜压缩机不启动

万用表检测：该故障应重点检查熔丝是否熔断，电压是否过低，温控器是否损坏，启动器和热保护器是否损坏。经万用表实测为启动器损坏所致，更换同规格启动器后故障排除。

检测后记：该机电路原理如图 4-36 所示。该故障的维修方法同样适用于海尔 BC/BD-126B/146B/166B 型卧式电冰柜。

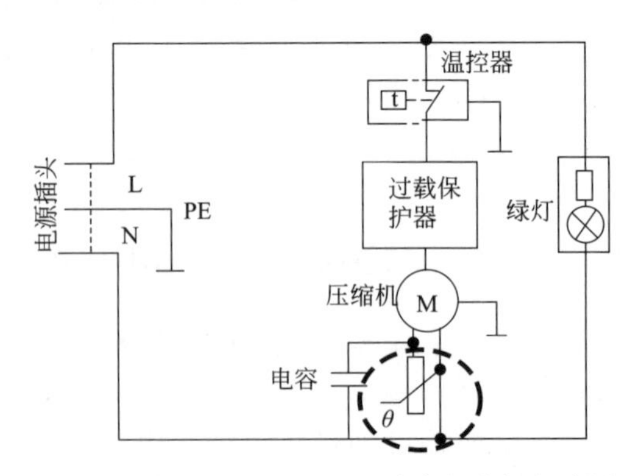

图 4-36 海尔 BC/BD-106B 型卧式电冰柜电路原理

(四)故障现象:海尔 BC/BD-379H 型电冰柜压缩机不启动

万用表检测:该故障应重点检查熔丝是否损坏,温控器是否损坏,启动器或热保护器是否损坏。经万用表实测为启动器损坏所致,更换启动器后,故障排除。

检测后记:该机电路原理如图 4-37 所示。

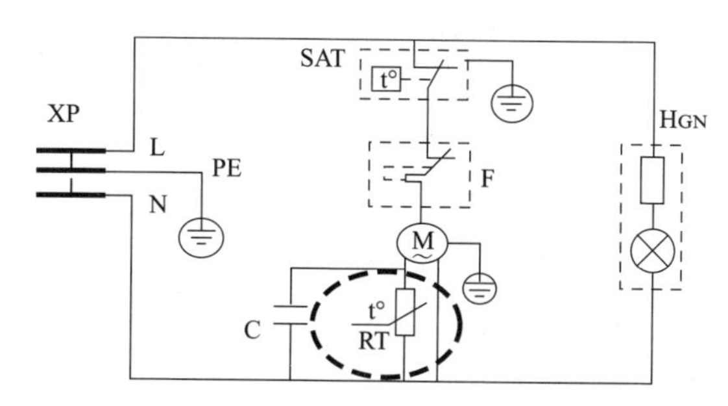

图 4-37 海尔 BC/BD—379H 电冰柜电路原理

XP—电源插头;SAT—温控器;M—压缩机;C—运行电容;

RT—启动器;H_{GN}—绿灯;F—过热过载保护器

(五)故障现象:海信 BCD-207E 型电冰箱按键失灵

万用表检测:该故障应重点检查按键是否被卡住或损坏,经用万用表实测为 S201～S204 击穿漏电所致。更换损坏的元件,即可排除故障。

检测后记:该机按键 S201～S204 相关电路截图如图 4-38 所示。需要注意的是,当 XP103、XP201 松脱或引线开断,也会出现类似故障。

(六)故障现象:海信 BCD-207E 型电冰箱整机不工作

万用表检测:该故障应重点检查主/辅电源电路,经用万用表实测为 C102、C107 击穿所致。换新 C102 和 C107 后,故障排除。

检测后记:该机主/辅电源电路如图 4-39 所示。

(七)故障现象:华凌 BCD-182WE 型无霜电冰箱,冷冻室微冷,冷藏室不凉,制冷效果差

万用表检测:检查过程中发现压缩机正在运转,冷冻室本应无霜,但其背板却结满了霜,由于蒸发器紧靠冷冻室,所以冷冻室有微冷,但冷藏室不凉。经用万用表实测为 EH(130W,正常直流电阻应 370Ω 左右)玻璃除霜加热器损坏所致,换上质量好的 ZME 型品牌玻璃管除霜加热器(130W/220V)后,故障排除。

检测后记:华凌 BCD-182WE 型无霜电冰箱电路原理图如图 4-40 所示。

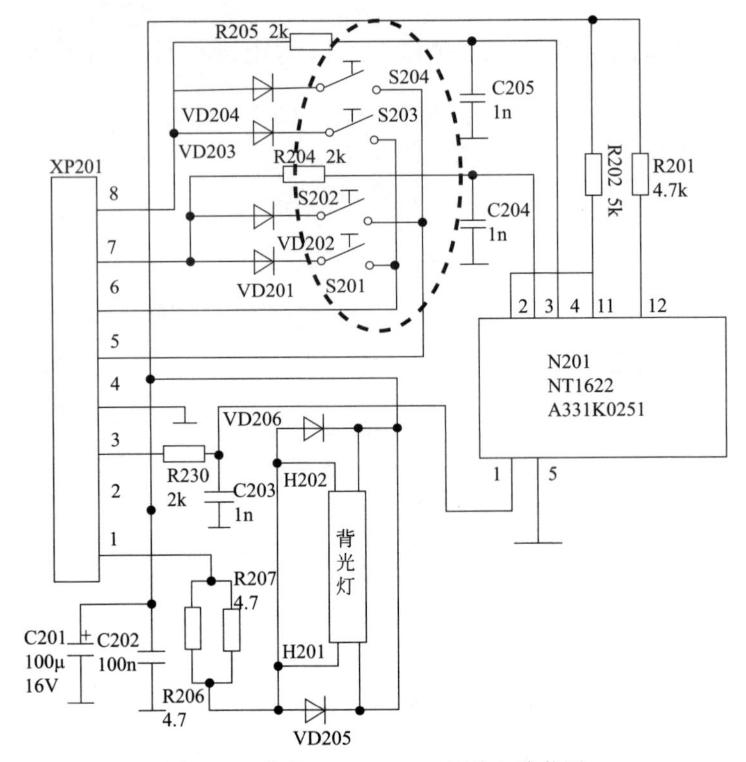

图 4-38 按键 S201～S204 相关电路截图

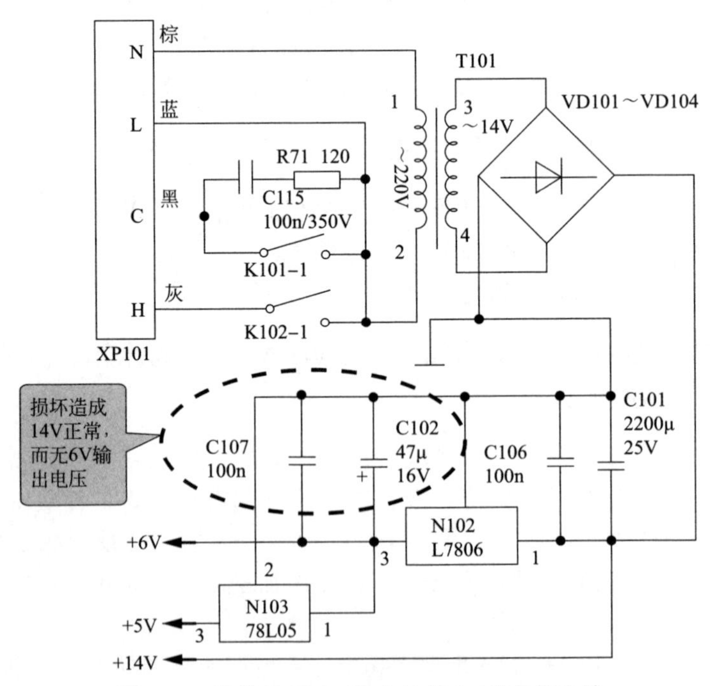

图 4-39 海信 BCD-207E 电冰箱主/辅电源电路

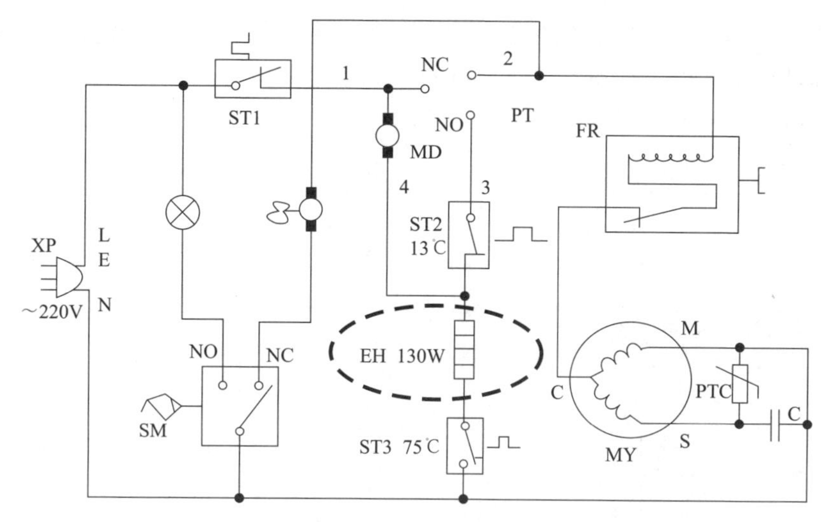

图 4-40 华凌 BCD-182WE 型无霜电冰箱电路原理图

（八）故障现象：美菱 BCD-450ZE9 型电冰箱冷藏不化霜，冷藏室温度区显示“E”，其他功能正常

万用表检测：根据故障代码可确定是冷藏化霜传感器故障，经用万用表实测为冷藏蒸发器传感器不良所致。换新同规格传感器后，故障排除。

检测后记：该机冷藏蒸发器传感器相关维修资料如图 4-41 所示。

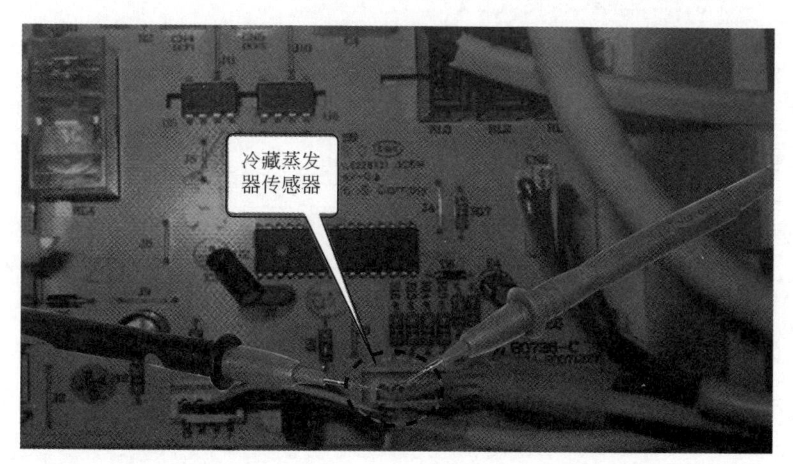

图 4-41 美菱 BCD-450ZE9 电冰箱冷藏蒸发器传感器

（九）故障现象：日立 R-176 型直冷式电冰箱压缩机启动工作时漏电保护器自动跳闸

万用表检测：该故障有可能是因机器漏电造成的，经用万用表实测为温度控制器 C 端的连接点到过载保护器之间的连接线路漏电所致。切断补偿加热器与温

度控制器的L端连接，在温度控制器C端与过载保护器之间另外连接一根导线后，接通电源试机，漏电保护器不再自动跳闸，故障排除。

检测后记：相关维修资料如图4-42所示。

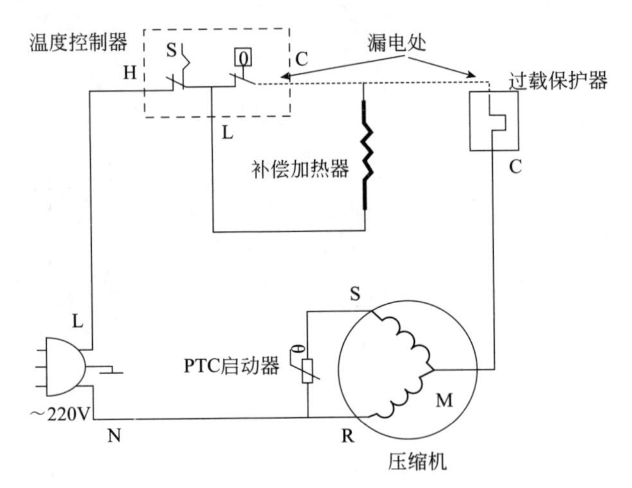

图4-42　日立R-176型直冷式电冰箱电路原理

课堂五

万用表检测微波炉故障实训

（一）故障现象：LG WD850(MG-5579TW)型微波炉通电后操作无反应

万用表检测：该故障应重点检查电源延时熔断器管 10A/250V 是否正常、高压漏感变压器 CLASS200 是否正常、高压电容是否正常，经用万用表实测为电源延时熔断器熔断和高压电容击穿短路所致。换上一只 CH85 系列 1.051μF WB2100V 的微波炉专用电容和 RT1-30 型的 10A/250V 延时熔断器后，故障排除。

检测后记：该机型电路原理如图 4-43 所示。

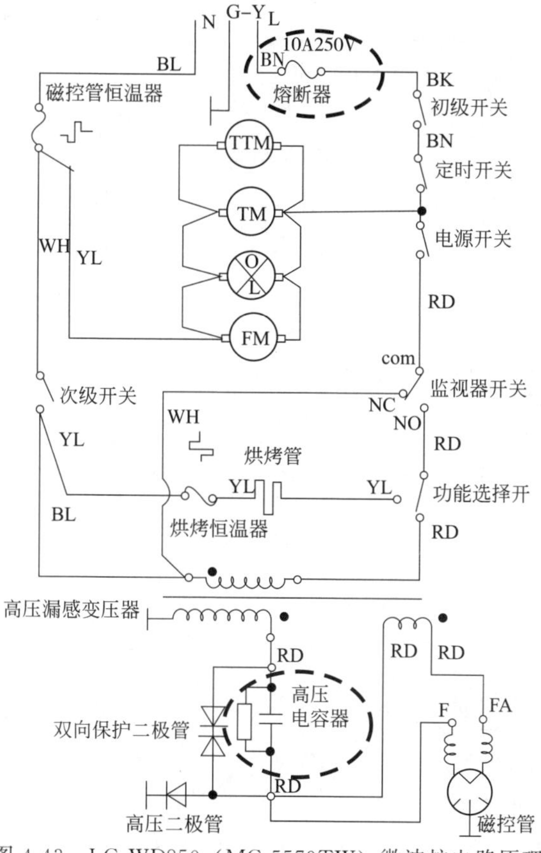

图 4-43　LG WD850（MG-5579TW）微波炉电路原理

（二）故障现象：格兰仕 750BS 型微波炉关微波炉门，灯亮，转盘风扇转动，可以设定显示微波加热时间，按下“启动”键马上灯灭、风扇、转盘停转

万用表检测：该故障应重点检查门监控开关 S3 是否损坏、J1 触头是否粘连、二极管 Q3、D10 是否损坏，经用万用表实测为二极管 Q3 损坏、D10 开路所致。换新 Q3 和 D10 后，故障排除。

检测后记：二极管 Q3 和 D10 相关电路截图如图 4-44 所示。

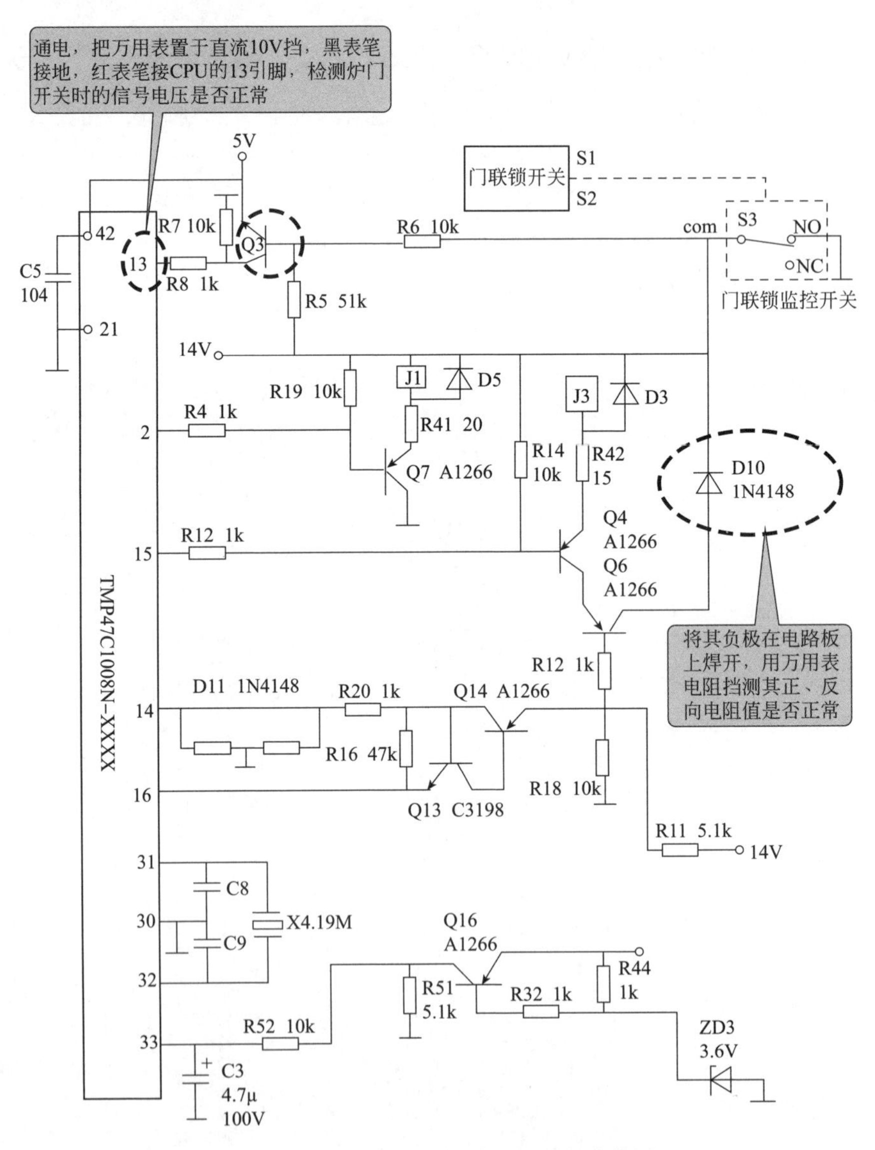

图 4-44 二极管 Q3 和 D10 相关电路截图

（三）故障现象：格兰仕 G7020IIYSL-V1 型电脑式微波炉，接通电源，按下微波加热键并设置好时间后，显示器显示信息，按下启动键，炉灯亮，风扇与转盘运转正常，但不加热

万用表检测：该故障应重点检测微波炉加热控制电路，经用万用表实测为电阻 R13（15Ω/0.5W）断路所致。更换 R13 后，故障排除。

检测后记：电阻 R13 相关电路截图如图 4-45 所示。

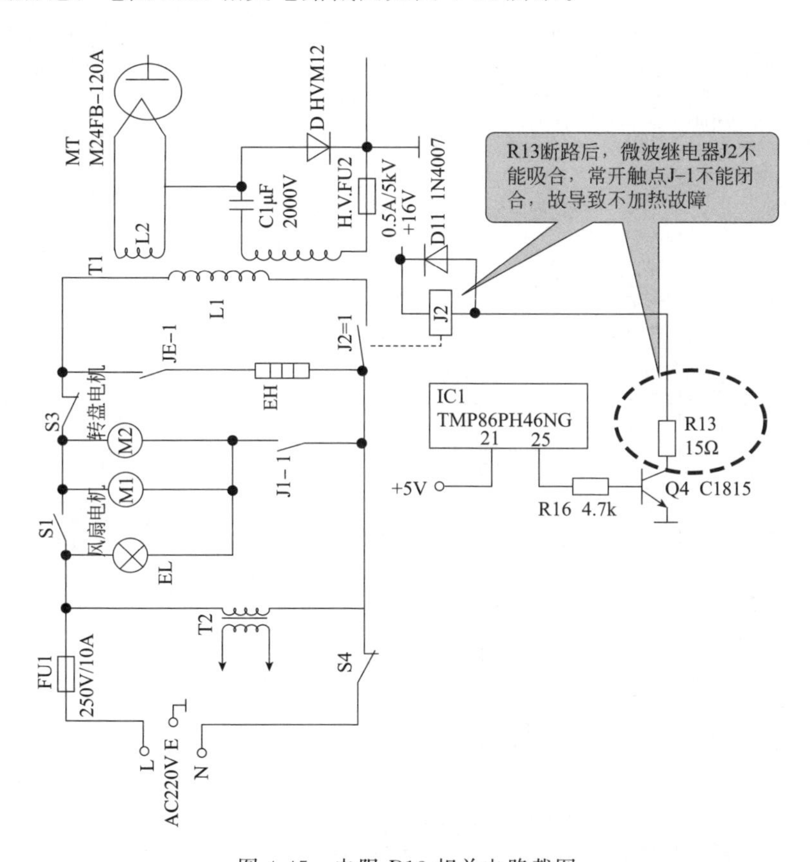

图 4-45 电阻 R13 相关电路截图

（四）故障现象：惠尔浦 AWH440 型烧烤型微波炉定时器不走，加热不停机

万用表检测：该故障应重点检查定时电动机 TM 是否正常、晶闸管是否正常，经用万用表实测为定时电动机 TM 损坏所致。更换同规格电动机后，故障排除。

检测后记：该机电路工作原理如图 4-46 所示。

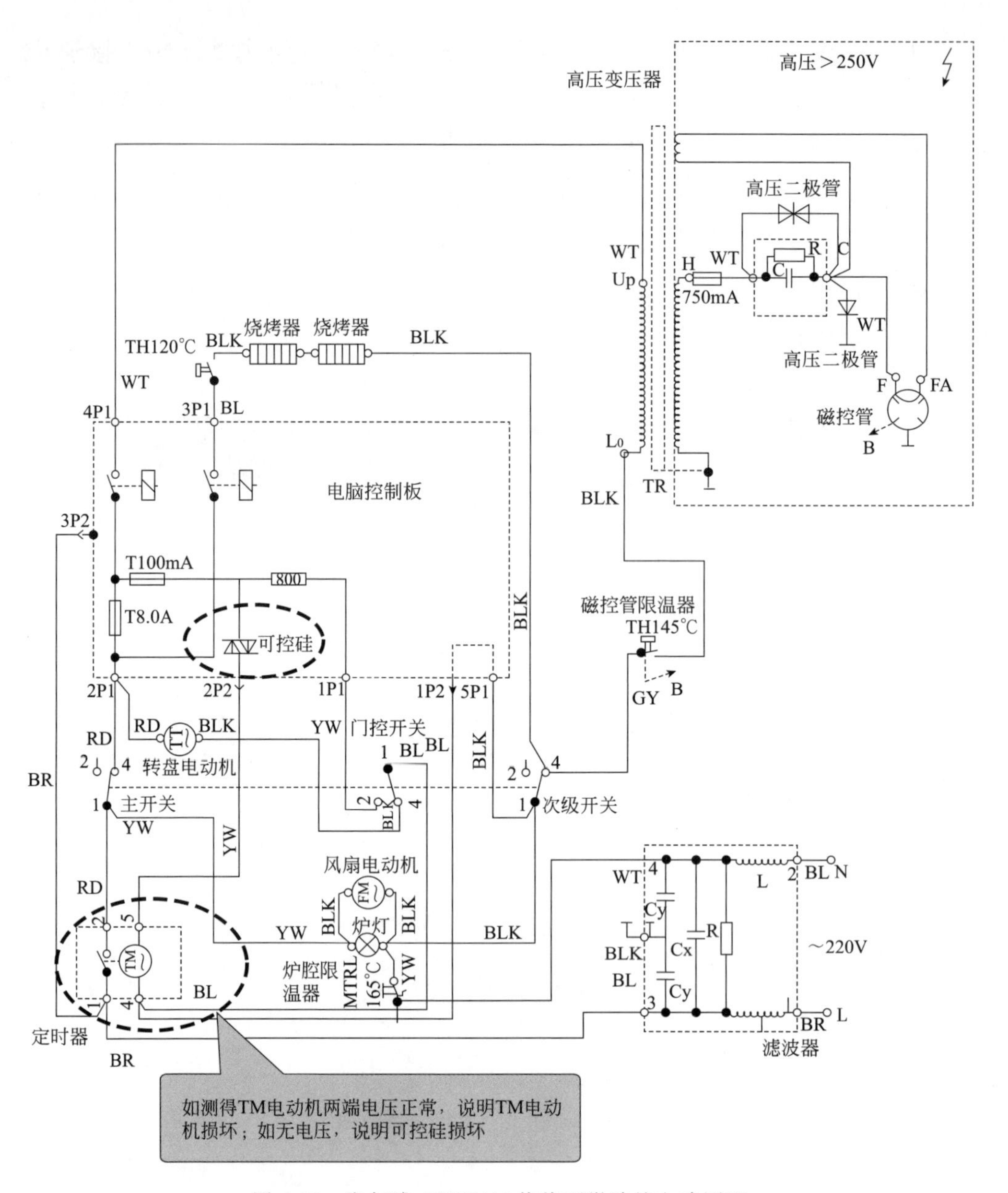

图 4-46　惠尔浦 AWH440 烧烤型微波炉电路原理

（五）故障现象：美的 EG720FA4-NR 型微波炉插电无显示，也无复位蜂鸣声

万用表检测：该故障应重点检查振荡和复位电路是否正常，经用万用表实测为 4M 晶振不良造成复位电路不工作所致。换新 4M 晶振后，故障排除。

检测后记：该机主板实物如图4-47所示。值得注意的是，当电源ACT30BH损坏也会出现类似故障。

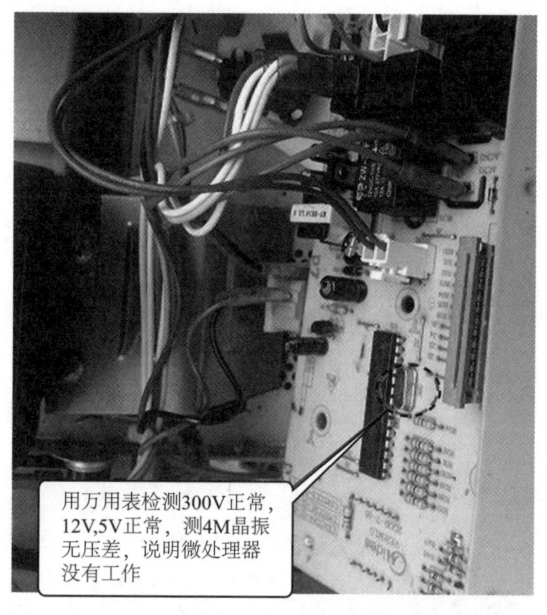

图4-47　美的EG720FA4-NR微波炉主板

课堂六

万用表检测洗衣机故障实训

（一）故障现象：澳柯玛 XQG60-1268 型滚筒洗衣机接通电源后无显示

万用表检测：该故障应重点检查电脑板插线是否接触不良、干扰抑制器是否损坏，经用万用表实测为干扰抑制器损坏所致。更换干扰抑制器后，故障排除。

检测后记：该机干扰抑制器如图 4-48 所示。

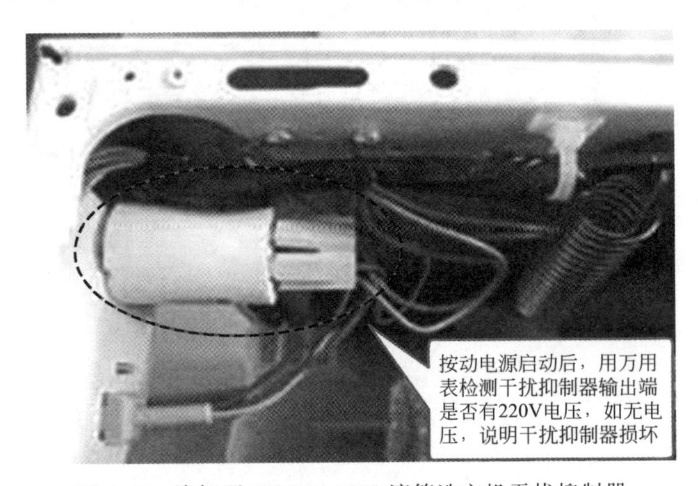

图 4-48　澳柯玛 XQG60-1268 滚筒洗衣机干扰抑制器

（二）故障现象：海尔 XQB50-7288A 型全自动洗衣机不开机，指示灯不亮

万用表检测：该故障应重点检查熔丝是否正常、电源线是否正常，经用万用表实测为电源线不良所致。重换电源线后，故障排除。

检测后记：该机电源线如图 4-49 所示。

（三）故障现象：惠而浦 WI5075TS 型洗衣机不进水

万用表检测：该故障应重点检查进水阀是否正常、印制电路板是否正常，经用万用表实测为进水阀损坏所致。换新进水阀后，故障排除。

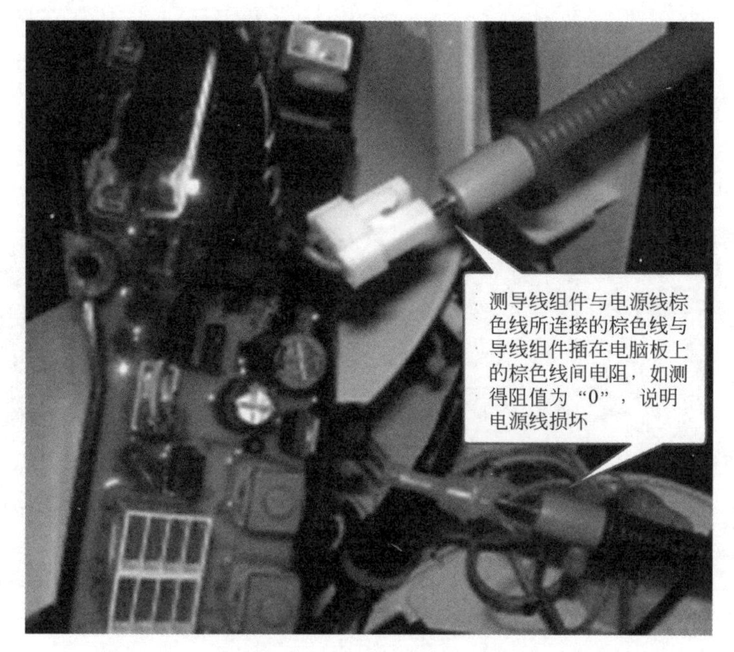

图 4-49 海尔 XQB50-7288A 型全自动洗衣机电源线

检测后记：该机进水阀如图 4-50 所示。

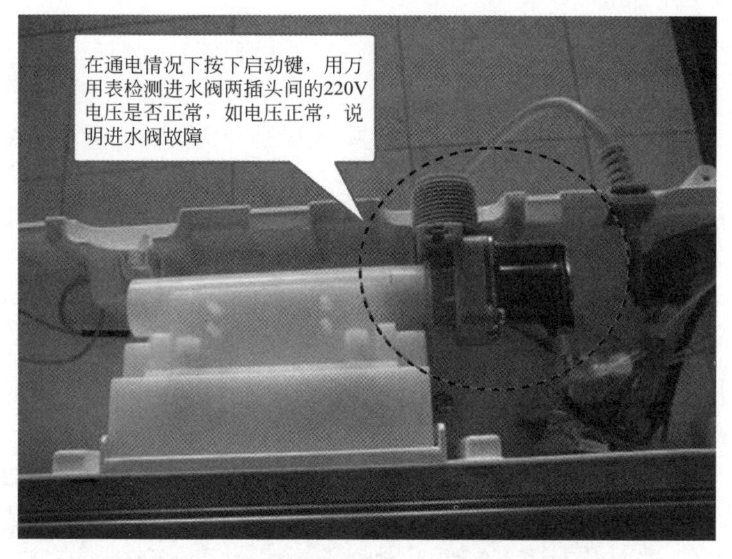

图 4-50 惠而浦 WI5075TS 洗衣机进水阀

（四）故障现象：金玲 XQB55-522 型全自动洗衣机不进水，其他功能正常

万用表检测：该故障应先将电脑板割胶，重点检查进水阀是否正常、晶闸管

是否正常、2003反相驱动器是否正常，经用万用表实测进水阀阻值只有25Ω（正常应为4kΩ），再测晶闸管G和T1级击穿、触发电阻击穿、2003反相驱动器的3引脚对地短路。更换晶闸管、触发电阻和2003反相驱动器，并用704硅胶封闭，试机，故障排除。

检测后记：该机电脑板如图4-51所示。

图4-51 金玲XQB55-522全自动洗衣机电脑板

（五）故障现象：金松XQB60-C8060全自动洗衣机，能开机，显示也正常，就是不洗涤

万用表检测：该故障应重点检查电脑板继电器和继电器驱动部分是否正常。首先割开继电器位置，测量继电器线圈阻值正常。进一步测驱动芯片ULN2003的9～16引脚在开机前后的电压变化，发现第16引脚开机前高电平5V多，开机后变为低电平，直接在继电器线圈的非电源端焊接一根线到ULN2003的16引脚，上电试机，开机继电器动作，洗衣机各功能恢复正常，故障排除，最后用704胶封好电脑板，维修成功。

检测后记：该例维修资料如图4-52所示。正常洗衣机开机时，继电器给动作而发出“嘀嗒”声，该故障机继电器无动作声音，说明继电器或驱动电路存在故障，可直接短接继电器触点的两个引脚，上电试机，如洗衣机工作正常，则是继电器驱动有问题。

图4-52 继电器到ULN2003间的连线

（六）故障现象：美菱 XQG50-532 型滚筒洗衣机开机进入高速脱水状态

万用表检测：该故障应重点检查电动机是否正常、晶闸管是否正常，经用万用表实测为晶闸管击穿所致。换新晶闸管后，故障排除。

检测后记：该机电路原理如图 4-53 所示。

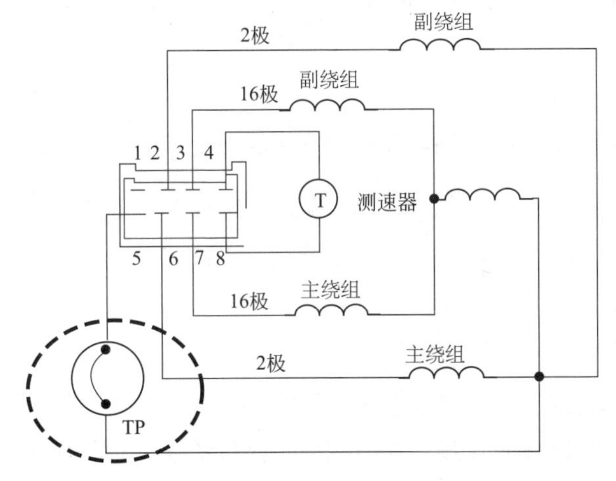

图 4-53　美菱 XQG50-532 滚筒洗衣机电路原理

课堂七

万用表检测热水器故障实训

（一）故障现象：阿里斯顿 HW80/15H split 型空气能热水器机组不工作

万用表检测：该故障应重点检查控电部分熔丝是否熔断，电源线接线是否松脱，变压器是否损坏。经万用表实测为变压器损坏所致，更换同规格变压器后，故障排除。

检测后记：该机电气原理图如图 4-54 所示。

（二）故障现象：艾斯凯奇 RZW* * A1K 型(灵动数显系列)电热水器漏电保护电源线指示灯有亮，热水器指示灯不亮，有热水

万用表检测：该故障应重点检查指示灯连线是否不良、指示灯是否损坏。经检查指示灯连线正常，再用万用表的 AC250V 挡测指示灯棕、蓝线插片 220V 电压正常，说明指示灯损坏。换新同规格指示灯后，故障排除。

检测后记：该机电路原理如图 4-55 所示。需要注意的是，当控温器超温保护也会出现类似故障。可将热水放出约 5min 检测指示灯是否有亮。

（三）故障现象：海尔 FCD-HM60CⅠ(E)型电热水器只出冷水，且加热指示灯不亮

万用表检测：该故障应重点电源是否接通良好、温控器 MT 是否正常，在通电状态下，用万用表测量测量温控器 MT 输入输出两端均有电压，说明温控器 MT 损坏。换新温控器 MT 后，故障排除。

检测后记：该机电气原理图如图 4-56 所示。

（四）故障现象：沈乐满 SR-6.5 型燃气热水器点火已引燃，但 LED 不灭，点火放电仍不停止

万用表检测：该故障应重点检查振荡电源和控制电路是否存在故障，经万用表实测为电阻 R1 开路和电容 C1 击穿漏电所致。换新 R1 和 C1 后，故障排除。

检测后记：该机振荡电源和控制电路相关电路截图如图 4-57 所示。

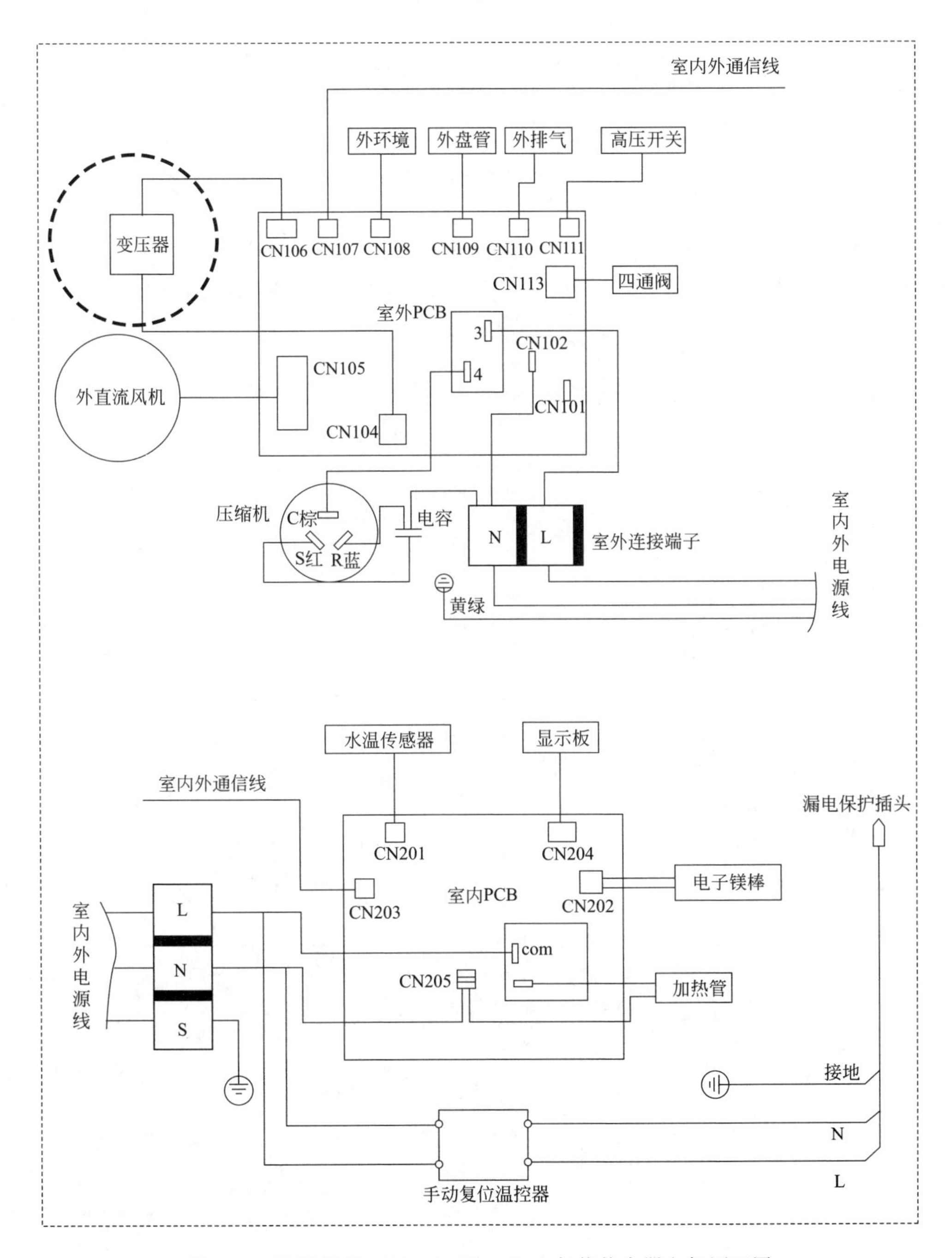

图 4-54 阿里斯顿 HW80/15H split 空气能热水器电气原理图

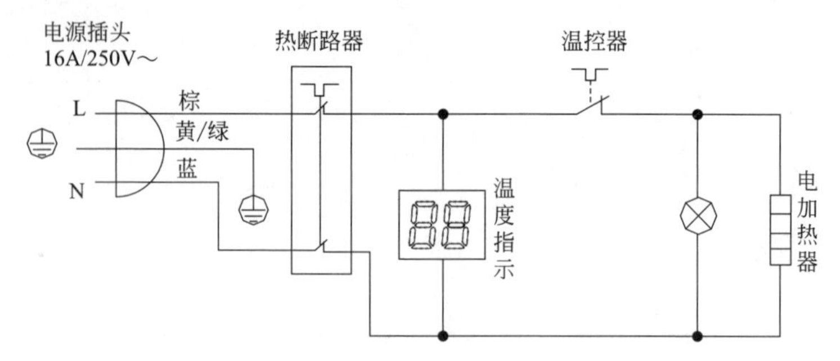

图 4-55 艾斯凯奇 RZW ＊＊A1K（灵动数显系列）电热水器电路原理

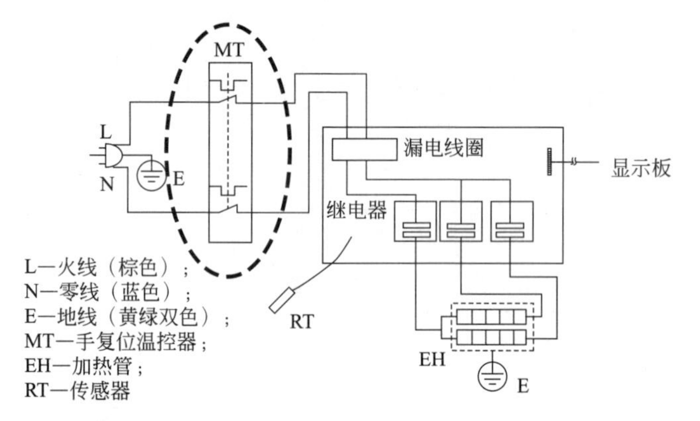

图 4-56 海尔 FCD-HM60CⅠ（E）电热水器电气原理图

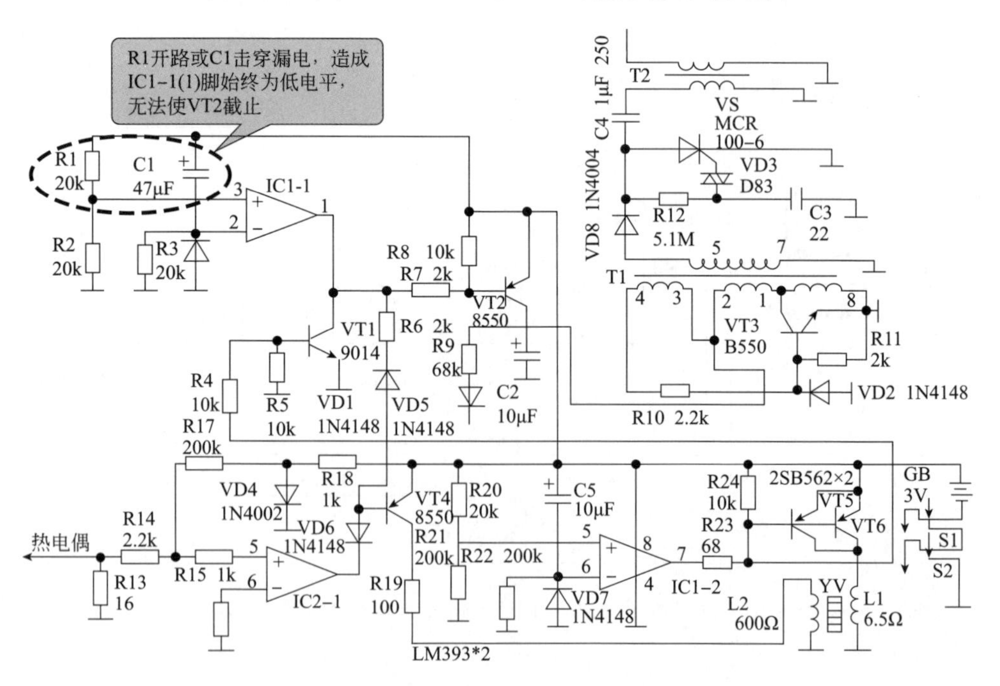

图 4-57 R1 和 C1 相关电路截图

（五）故障现象：史密斯 CEWH-40B2 型电热水器显示“E1”

万用表检测：该故障应重点检查黑色温度探头是否正常，经万用表实测为温度探头开路所致。换新的温度探头后，故障排除。

检测后记：该机接线图如图 4-58 所示。

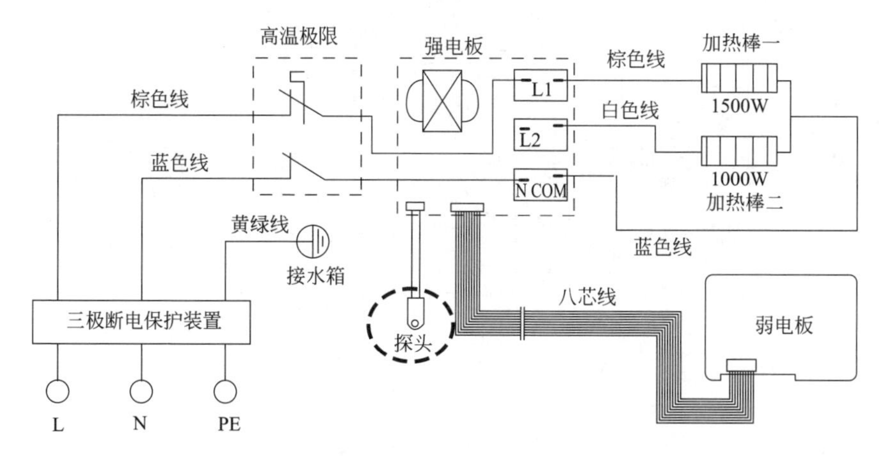

图 4-58　史密斯 CEWH-40B2 电热水器接线图

（六）故障现象：同益 KRS-10G 型空气能热水器压缩机不工作

万用表检测：该故障应重点检查压缩机绕组和电容是否正常，用万用表的 200k 电阻挡测得压缩机绕组阻值为无穷大，说明绕组开路损坏。重新更换压缩机后，故障排除。

检测后记：该机补水接线图如图 4-59 所示。当压缩机接触器损坏后，也会出现类似故障。

（七）故障现象：万和 DSZF38-B 型电热水器不脱扣，按漏电试验按钮无作用

万用表检测：该故障应重点检查起超温保护电路，经万用表实测为双向晶闸管 VS2（94A4）击穿所致。换新的 VS2 后，故障排除。

检测后记：该机电路工作原理图如图 4-60 所示。

（八）故障现象：万和 JSG18-10A 型燃气热水器插上电源后，听不到蜂鸣器提示，按键无作用，显示屏不亮，通水无反应

万用表检测：该故障应重点检查保险管是否正常、电源变压器是否正常，经万用表实测为电源变压器损坏所致（正常情况下，用万用表交流挡检测电源变压器的双红线输入电压应为 220V，输出的双黑线应为 14V，双蓝线应为 26V）。换新的同规格电源变压器后，故障排除。

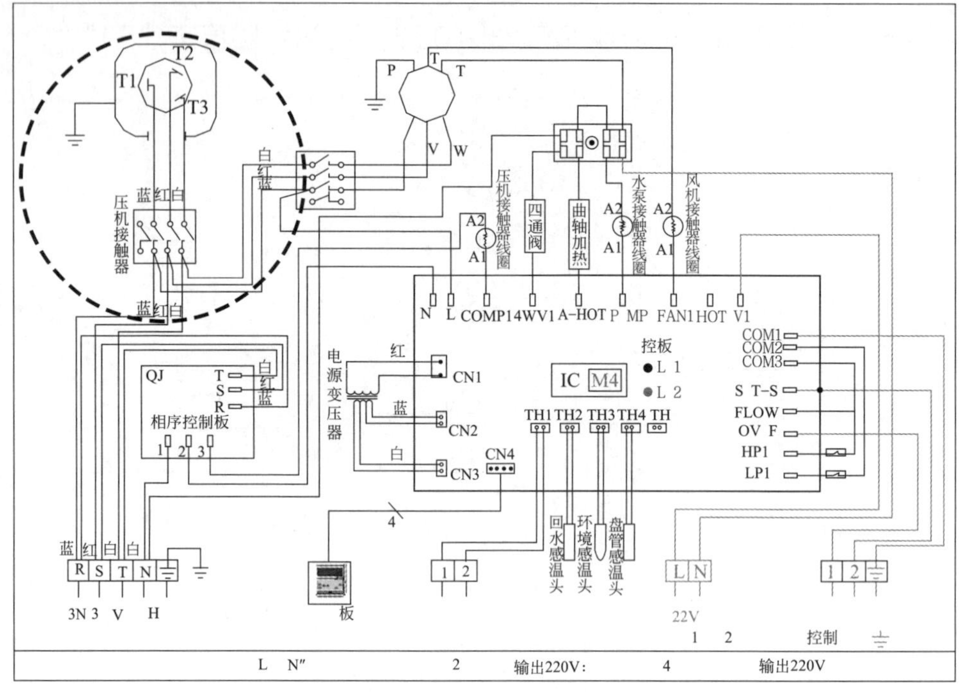

图 4-59 同益 KRS-10G 空气能热水器补水接线图

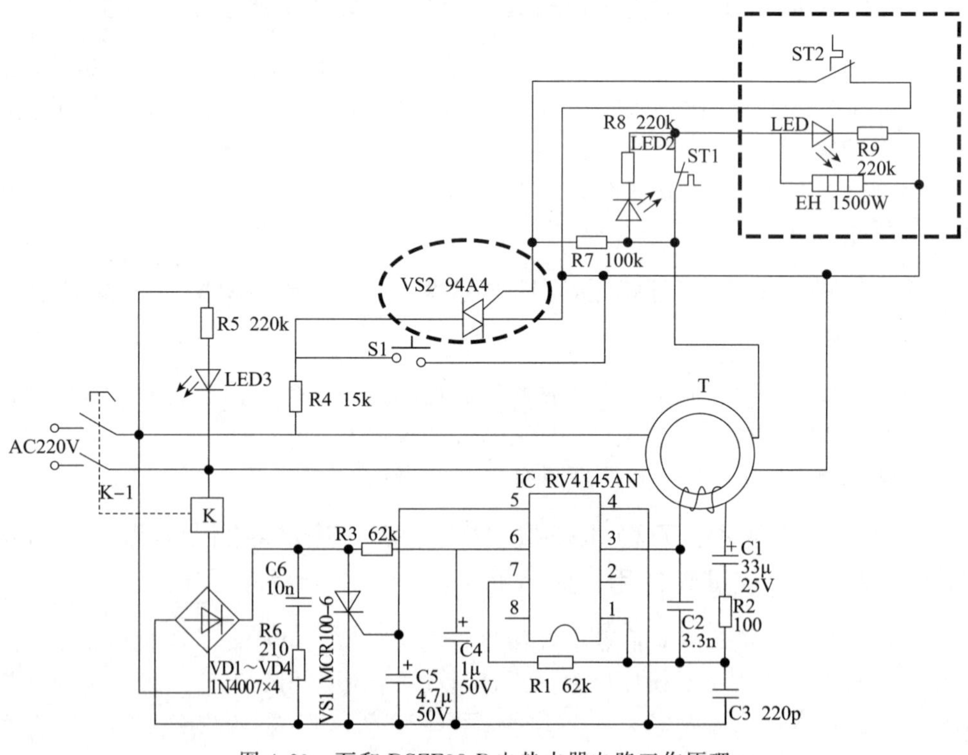

图 4-60 万和 DSZF38-B 电热水器电路工作原理

检测后记：该机电气线路原理图如图 4-61 所示。

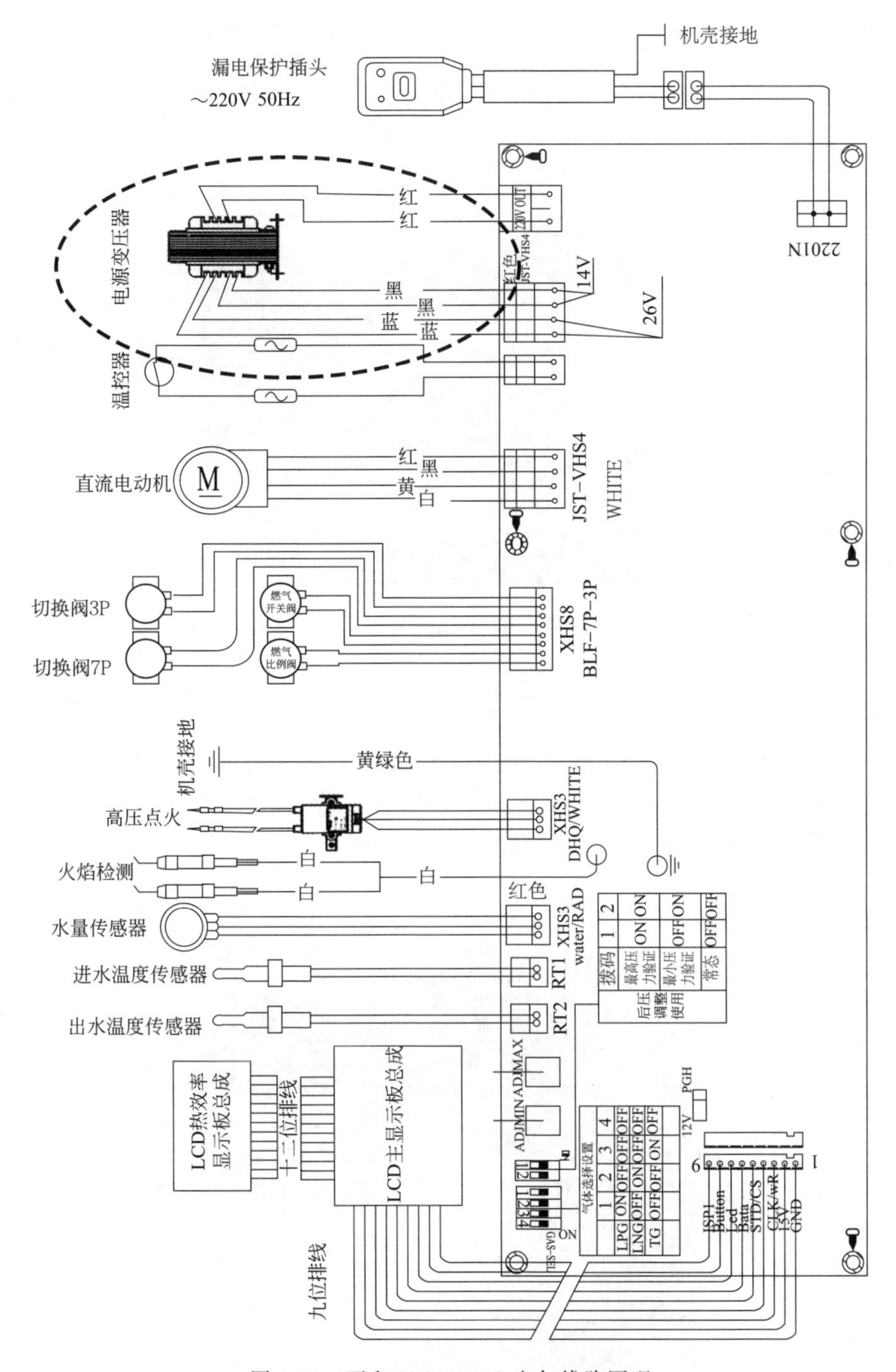

图 4-61　万和 JSG18-10A 电气线路原理

（九）故障现象：万和 JSQ16-8B10 型燃气热水器通电后，按显示开关键，打开水阀，风机启动工作，8s 后显示屏显示 F1

万用表检测：该故障应重点检查控制器是否正常、电磁阀是否正常，经万用表实测为电磁阀不吸动所致。更换电磁阀后，故障排除。

检测后记：该机电磁阀如图 4-62 所示。

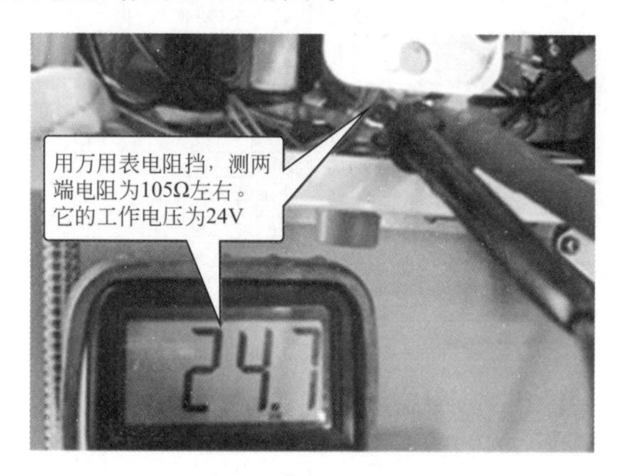

图 4-62　万和 JSQ16-8B10 燃气热水器电磁阀

（十）故障现象：万家乐 JSQ24-12JP 型天然气热水器显“E1”

万用表检测：显示故障代码 E1 是点火不成功，应重点对二次升压电路进行检查，经万用表实测为晶闸管 U3 损坏所致。代换 U3 后，故障排除。

检测后记：该机晶闸管 U3 检测维修如图 4-63 所示。

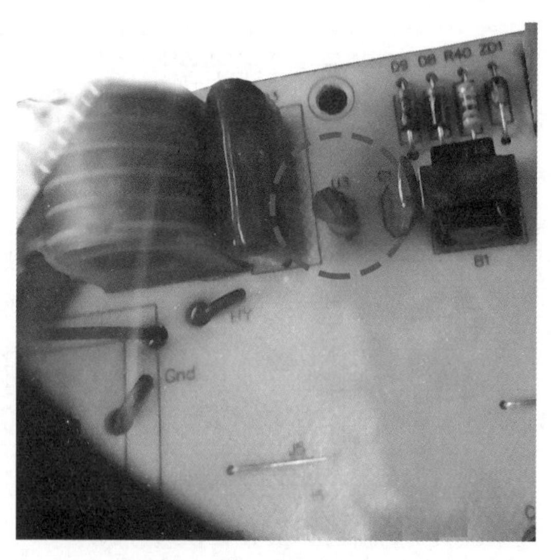

图 4-63　U3 相关检测维修

课堂八

万用表检测小家电故障实训

（一）故障现象：CYSB60YD6 型电高压锅接通电源后，控制灯板上的指示灯无反应

万用表检测：该故障应重点检查熔丝是否正常，5V 电压是否正常，经万用表检测 5V 电源输出端无 5V 电压，再测 78L05 输入端有 12V 电压，说明 78L05 坏。更换 78L05 后，电高压锅恢复正常工作。

检测后记：该机电路原理图如图 4-64 所示。220V 市电经变压器 T1 降压、D1～D4、C2、C3 进行整流滤波后得到 12V 直流电，向继电器电路和 5V 稳压电路供电。5V 稳压电路由 78L05 三端稳压集成电路构成。

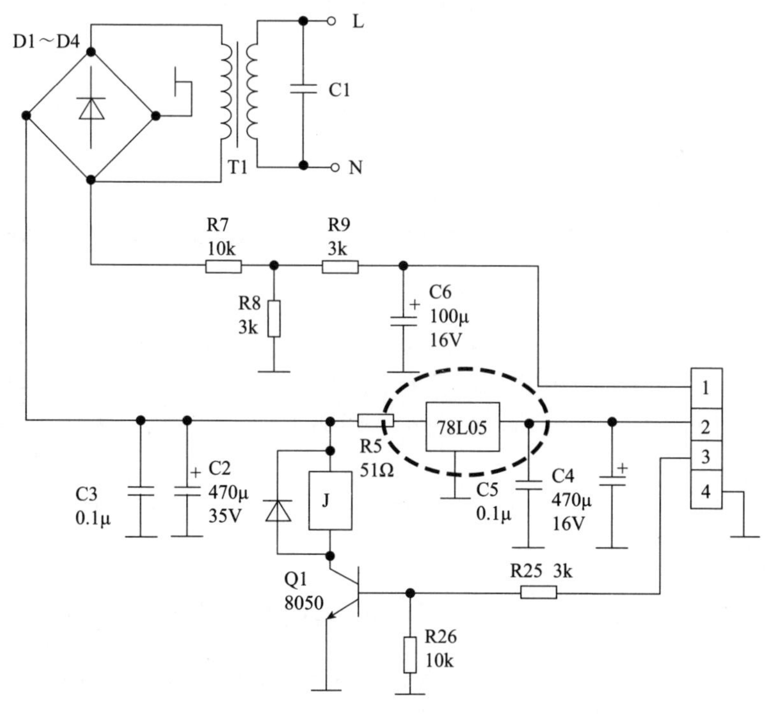

图 4-64　CYSB60YD6 型电高压锅电路原理图

（二）故障现象：好功夫电水壶手动加热正常，自动不加热

万用表检测：该故障应重点检查温控开关是否正常，功能开关 K1 或接线是否异常，经万用表通断测量挡实测为温控开关所致。换新同规格温控开关后，故障排除。

检测后记：该机电路原理图如图 4-65 所示。

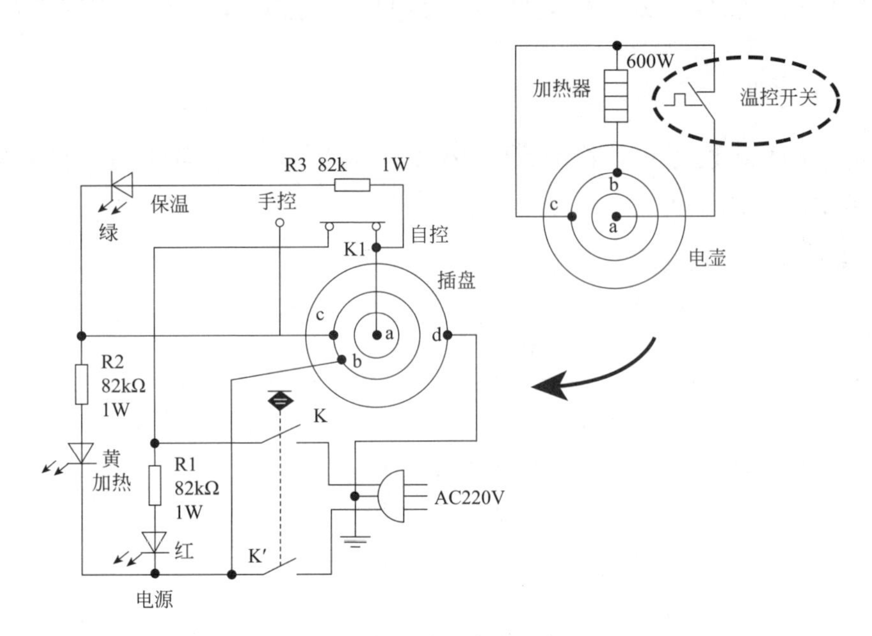

图 4-65 好功夫电水壶电路原理

（三）故障现象：九阳(Joyoung)JYK-40P01 电热水瓶，通电面板无显示，也不加热

万用表检测：首先拆开底盖，拔掉电炉丝的插头，在接通电源的情况下测 220V 电压正常，再测低压输出端电压为 0。断电，又测电容 E6 两端电阻的阻值为 0Ω，焊下与之相连的二极管 D9 也为 0Ω，说明 E6、D9 短路。更换 E6 和 D9 后，故障排除。

检测后记：该机为开关电源板供电。E6、D9 在电路板上的位置如图 4-66 所示。

（四）故障现象：美的 MB-FD40H 型电饭锅上电指示灯不亮

万用表检测：该故障应重点检查开关电源电路，经万用表测得开关电源无 5V 电压输出，进一步检测发现 R105 烧坏，D101、ZD1 短路，L101 开路，电源芯片 PN8112 中间爆裂。换新的元器件后，故障排除。

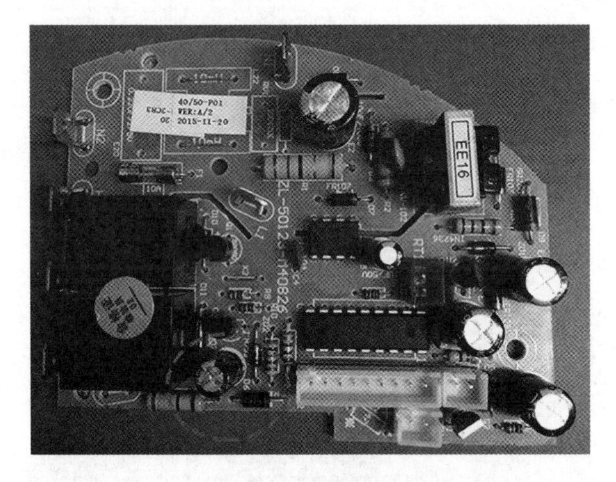

图 4-66　E6、D9 在电路板上的位置

检测后记：该机开关电源电路截图如图 4-67 所示。如找不到同型号的 PN8112 电源芯片，也可用功率更大一点的 VIPer22A 直接代换。

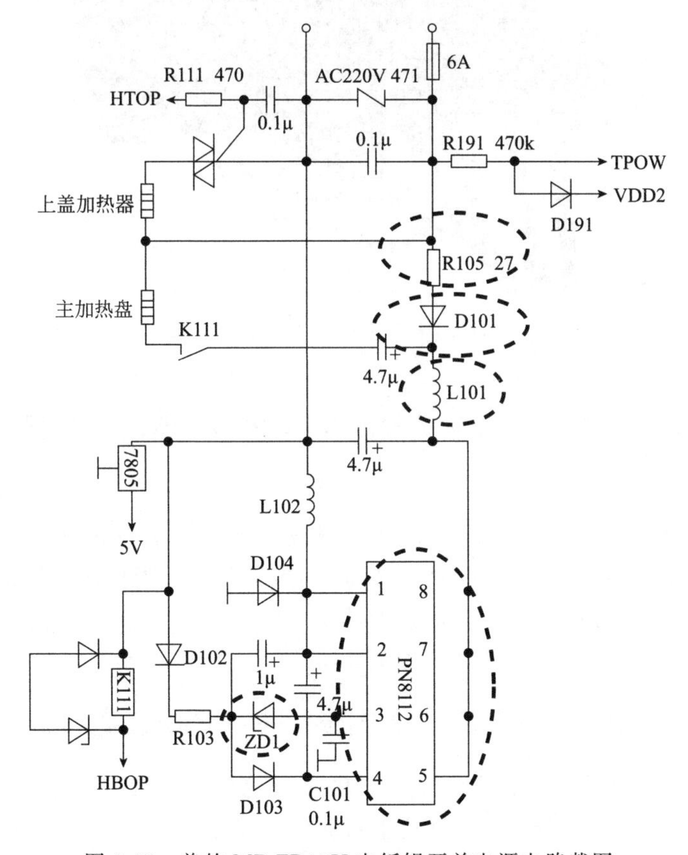

图 4-67　美的 MB-FD40H 电饭锅开关电源电路截图

（五）故障现象：荣事达 RSD-812 型电水壶接通电源指示灯微亮，开机后不工作，有时候全熄灭了

万用表检测：该故障应重点检查 12V 稳压管是否正常，进线端 CL21（684kΩ/630V）电容是否正常。经万用表实测为 CL21 电容容量不足所致，换新的 CL21 后，故障排除。

检测后记：该机电路板实物如图 4-68 所示。该例故障，是因 CL21 电容容量不足从而造成 12V 稳压管电压异常而出现开机不工作故障。

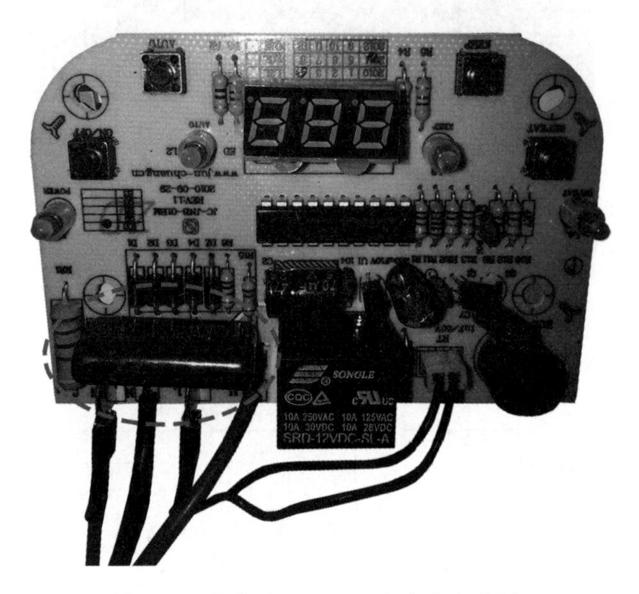

图 4-68 荣事达 RSD-812 电水壶电路板

（六）故障现象：苏泊尔 CFXB40FC22-75 型电饭锅显示面板和操作正常，水烧不开

万用表检测：该故障应重点检查锅底温度检测电路是否正常，首先用万用表检测锅底温度传感器 RT1 两端电压为 1.5V，偏低，进一步检测其外接电路，发现电容 C203 漏电。换新的 C203 后，故障排除。

检测后记：C203 相关电路截图如图 4-69 所示。

（七）故障现象：万家乐 CFXB25-1/40-1 型电饭锅不通电

万用表检测：该故障应重点检查过热保护电路，经万用表实测为热熔断器（165℃/10A）损坏。换新的同规格热熔断器后，故障排除。

检测后记：该型号电饭锅电路工作原理图如图 4-70 所示。

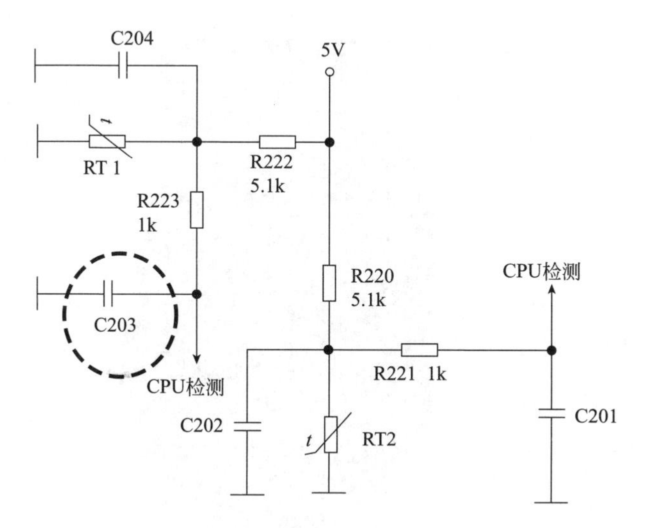

图 4-69 C203 相关电路截图

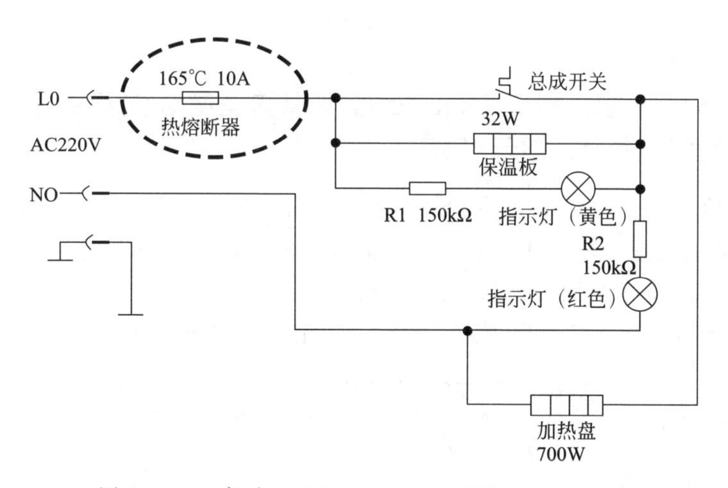

图 4-70 万家乐 CFXB25-1/40-1 电饭锅电路原理图

（八）故障现象：王中皇 JSX60-100 电压力锅通电后面板指示灯全亮，显示屏缺笔画，且按键失灵

万用表检测：根据故障现象显示屏缺笔画会导致电压力锅无法工作，按键失灵，采用型号为 4401AS-33 的新显示屏代换后，按键还是失灵，且指示灯全亮。想到会不会是因显示屏损坏造成指示灯失灵，试焊下定时指示灯 LED1，测其反向阻值为 10kΩ 左右，说明已损坏。更换 LED1 后，故障排除。

检测后记：该机主板如图 4-71 所示，显示屏为共阴极。值得注意的是，有时 LED 指示灯存在故障，也会与正常时一样发光，此时应焊下用仪表检测确认，以免造成误判。

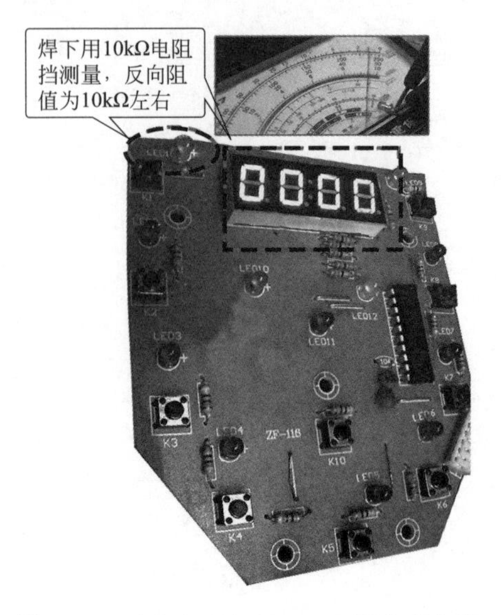

图 4-71　王中皇 JSX60-100 电压力锅主板

（九）故障现象：希贵 GDS65-C 型电脑型电饭煲不能正常煮饭，按操作键时有声响提示，指示灯亮

万用表检测：该故障应重点检查加热器是否正常，三极管 T1（C9014）是否正常，RE 继电器（JZC-7F9VDC）是否正常。经万用表实测为 T1 损坏、RE 线圈开路所致，换新损坏的元器件后，故障排除。

检测后记：该机 RE 继电器及三极管 T1 相关电路截图如图 4-72 所示。

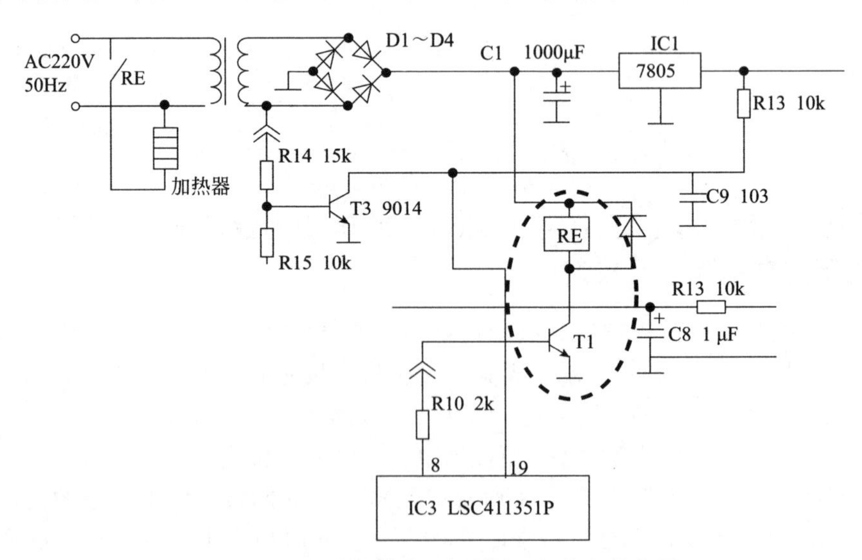

图 4-72　RE 继电器及三极管 T1 相关电路截图

（十）故障现象：小白熊 HL-0800 型微电脑炖盅按开电源指示灯闪亮，按时间后，锅不发热

万用表检测：该故障应重点检查 12V 超压稳压管是否正常、684 大电容是否正常，经万用表实测为 684 大电容容量减少所致。用容量为 474 电容更换后，故障排除。

检测后记：该机电路板如图 4-73 所示。

图 4-73　小白熊 HL-0800 微电脑炖盅电路板

课堂九

万用表检测电动自行车故障实训

（一）故障现象：爱玛电动车(豪华款)电动机转速变慢

万用表检测：该故障应检查调速转把是否损坏，用万用表检测调速转把信号线（绿线）的电压是否正常，当转把旋至最大角度时，测得调速电压应小于 4.2V，说明调速转把损坏，导致电动机转速变慢。卸下损坏的调速转把换新即可排除故障。

检测后记：该车专用调速转把如图 4-74 所示。安装时最好把电线的接头处用防水电胶布包扎好，以免雨天骑行时进水或受潮造成短路故障。

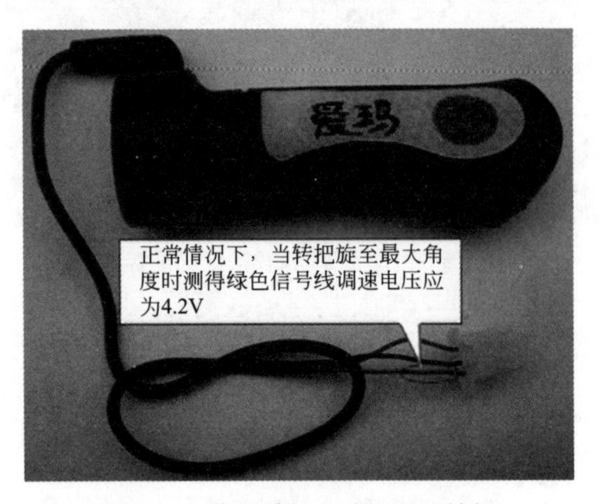

爱玛
正常情况下，当转把旋至最大角度时测得绿色信号线调速电压应为4.2V

图 4-74　检测爱玛电动机调速转把

（二）故障现象：爱玛电动车(简易款)车灯不亮，电源灯不亮，喇叭也不响

万用表检测：该故障应打开后座检查控制器线路是否正常，经万用表实测为控制器负极线断路所致。重新连接好控制器负极线，用绝缘胶带裹好，并固定好线束，以免再次被座盖磨损。

检测后记：相关维修资料如图 4-75 所示。

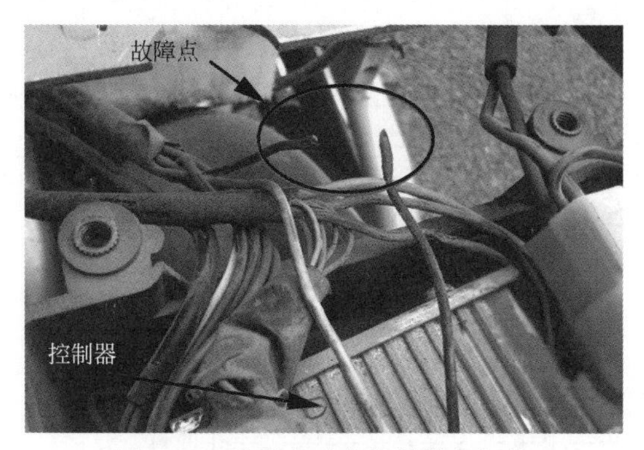

图 4-75 爱玛电动车控制器负极线

（三）故障现象：澳柯玛电动车(通用型)出现故障，刚开始时电动机断断续续时转时不转，过后就一点儿也不转了

万用表检测：该故障应重点电动机霍尔是否正常，拔下电动机霍尔插件，将万用表置于二极管挡，红表笔接黑线，黑表笔分别接黄、绿、蓝色的霍尔线，其三个阻值应基本一致，然后两表笔对调分别检测三相有阻值不一致，说明相对应的霍尔传感器损坏。拆下电动机，同时更换三只霍尔元件，即可排除故障。

检测后记：该机电动机霍尔元件相关资料如图 4-76 所示。

图 4-76 澳柯玛电动车电动机霍尔元件

（四）故障现象：北京新日 TDR55Z-5 型“风速七代”无刷电动助力车，有时接通钥匙开关时，电动机即高速旋转，转把失灵

万用表检测：首先拔掉转把插头，如果电动机仍快转不停，则打开控制器，用万用表测试脉宽调制块 U6 SG3524N 的 12 引脚，当转动转把时，有 0.75～0.35V 的可变电压，进一步检测发现和 SG3524N 的 12 引脚连接的三极管 V1 2N5551 的 c 极开焊。补焊三极管 V1 后试车正常。

检测后记：三极管 2N5551 相关电路截图如图 4-77 所示。从图可看出当 V1 2N5551 的 c 极开焊后，使三只驱动开关块 IR20 的 2 引脚由原低电位变为高电位，从而导致电动机出现高速状态，转把失灵。

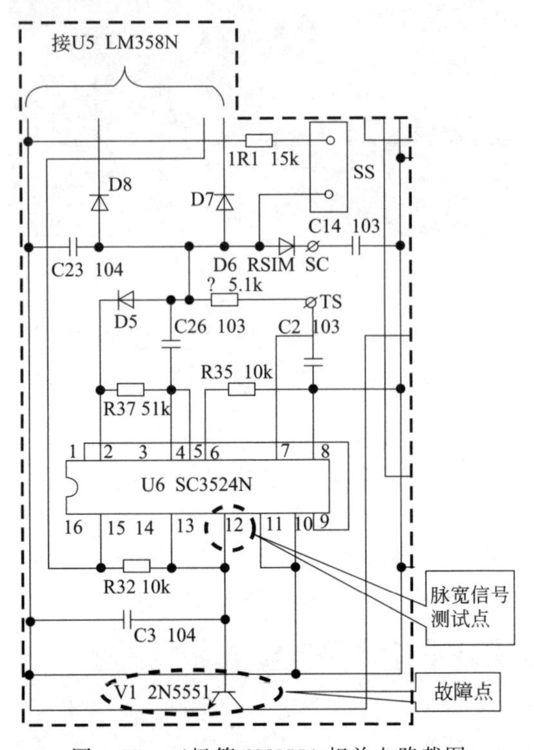

图 4-77 三极管 2N5551 相关电路截图

（五）故障现象：比德文电动车(豪华款)指示灯不亮，电动机不转

万用表检测：该故障应重点检查电源电路，具体主要检查电门锁是否异常，拆下电门锁进行检查，用万用表电阻挡检测电门锁引线，测得其电阻值为无穷大，则说明引线已断路。重新更换新的电门锁引线，即可排除故障。

检测后记：该机电门锁如图 4-78 所示。

（六）故障现象：比德文电动车(简易款)电动机振动、运转不连贯、无力

万用表检测：该故障应重点检查电动机霍尔是否损坏。拆机之前，应先用万用表检测电动机霍尔是否正常，如霍尔输出引线三相中有阻值差异比较大的，说明该相霍尔元器件损坏，应进一步拆机检修。

检测后记：相关维修资料如图 4-79 和图 4-80 所示。注意事项：该机霍尔相位角是 120°，为保证电动机换相的精确度，同时更换所有的三个霍尔元器件。安装霍尔应注意：霍尔引脚与冲片不接触；三个霍尔必须平行，不得倾斜；胶水不溢出霍尔槽（建议使用 AB 胶，不使用 502）。

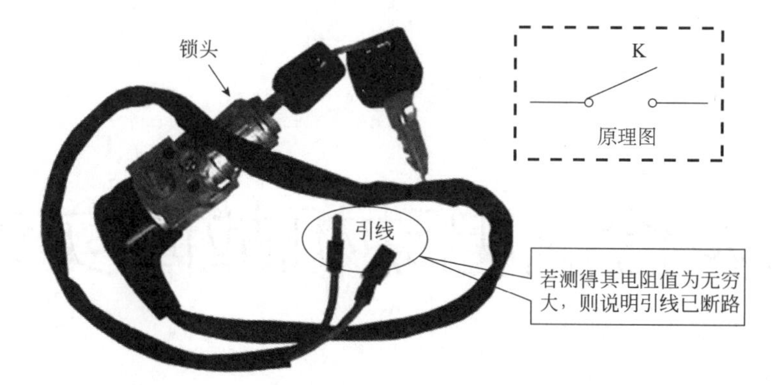

图 4-78 检测比德文电动车电门锁引线

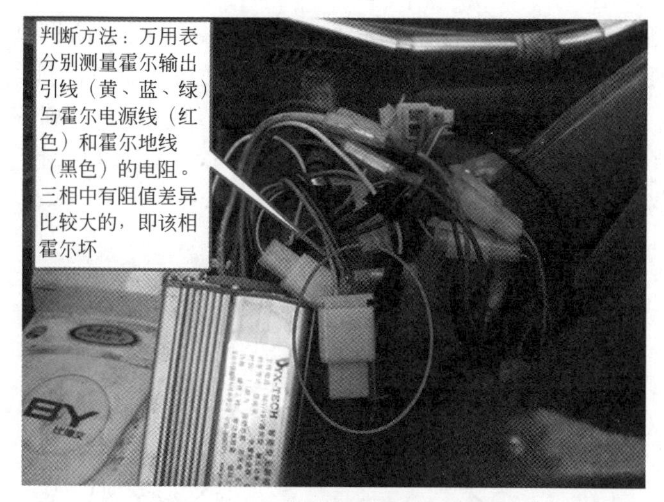

图 4-79 用万用表检测电动机霍尔

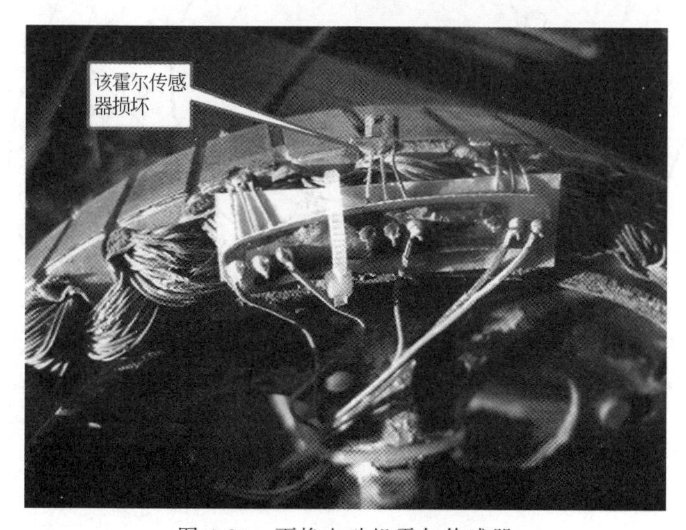

图 4-80 更换电动机霍尔传感器

课堂十

万用表检测电动机故障实训

（一）故障现象：BO2 型单相水泵电动机不工作

万用表检测：该故障应重点检查电源是否正常，水泵电动机是否损坏。经万用表实测为水泵电动机绕组短路所致，需要重绕电动机绕组方能排除故障。

检测后记：该机电动机为 24 槽 2 极 4/2-B 正弦绕组，主、副绕组采用不同的 B 类缺圈正弦绕组布线方案，主绕组占槽率为 2∶1，高于副绕组，且全部为单层布线。相关维修资料如图 4-81 所示。

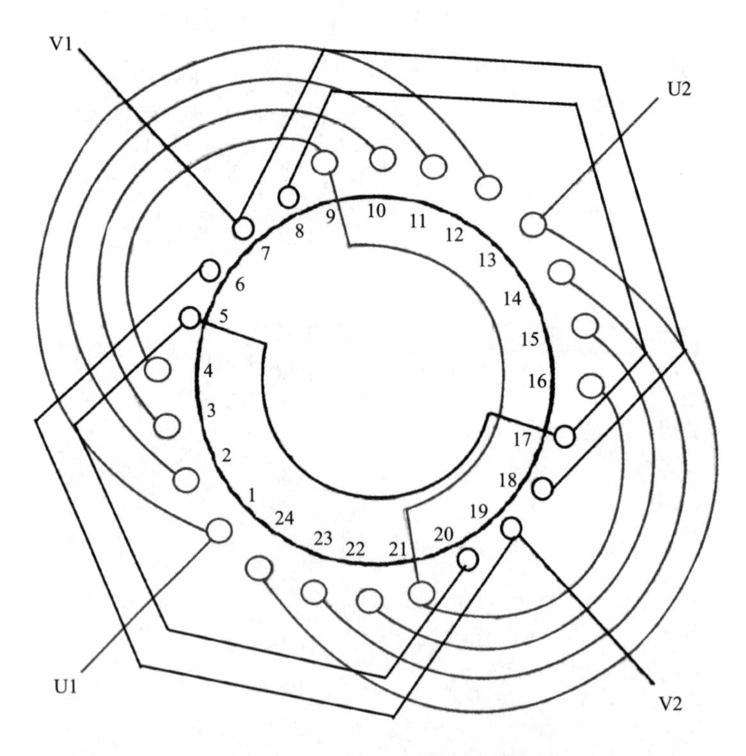

图 4-81　BO2 单相水泵电动机绕组

（二）故障现象：JCB-22 型三相油泵电动机发热很厉害，运行 0.5h 后就跳闸了，以后就不转动了

万用表检测：该故障应重点检查电动机是否超负荷保护跳闸，电动机绕组是否开路。经万用表实测为电动机绕组开路所致。

检测后记：该机电动机为 24 槽 2 极单层叠式绕组，相关维修资料如图 4-82 所示。绕组可采用交叠法和整嵌法两种嵌线方式，以交叠嵌线比较普通。整嵌法时无需吊边，但绕组端部形成三平面重叠。

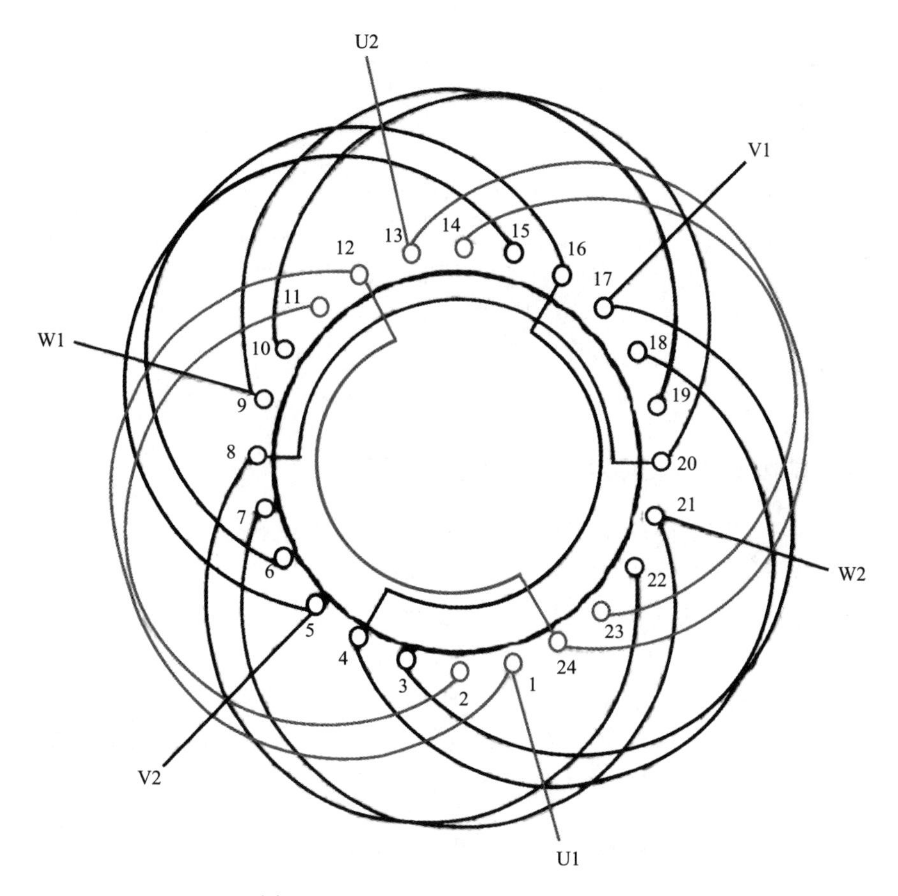

图 4-82　JCB-22 三相油泵电动机绕组

（三）故障现象：JD-6 型电动机运行中过载指示灯闪烁，蜂鸣器鸣叫，长时间未保护停机

万用表检测：该故障应重点检查电容器 C6 是否正常，继电器 K 以及控制芯片（NE556）是否正常。经万用表实测为继电器 K 线圈断线所致，更换后故障排除。

检测后记：该机继电器 K 相关电路截图如图 4-83 所示。

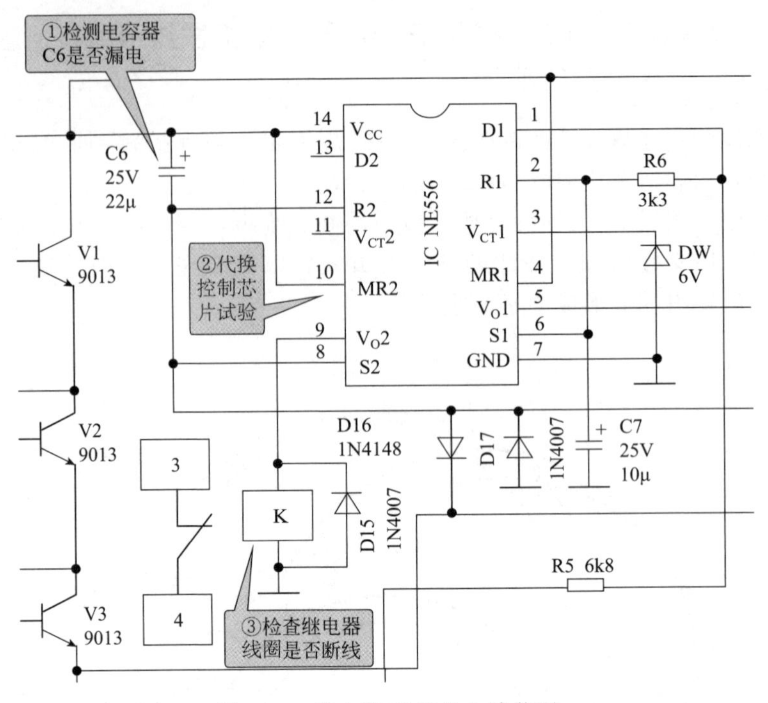

图 4-83 继电器 K 相关电路截图

（四）故障现象：JO2L-71 型电动机不转

万用表检测：该故障应重点检查电动机定子绕组或转子绕组是否正常。经万用表实测为转子绕组断路所致，需要重要绕制转子绕组。

检测后记：该机转子为 48 槽 4 极单层叠式绕组，相关维修资料如图 4-84 所示。转子绕组采用二路并联接线方式，接线是采用短跳接线，逆向分路走线。U1 进线则分两路：一路进 U 相第 1 组线圈，逆时向走线，再与第 2 组反串连接；另一路从第 4 组进入，顺时向走线与第 3 组反串连接后，将两组尾端并联出线 U2。

（五）故障现象：JZR2-Ⅱ型三相绕线转子电动机不启动

万用表检测：该故障应重点检查熔丝是否熔断，电动机转子或定子是否正常，经万用表实测为转子单层绕组同一相断路所致。卸下电动机转子，经处理后故障排除。

检测后记：该机转子为 36 槽 6 极单层叠式绕组，转子绕组是庶极布线，嵌线可采用交叠法或整嵌法，相关维修资料如图 4-85 所示。该绕组每相由三组线圈组顺向串联而成，每组有两只 $y=6$ 的交叠线圈组成，相距 120°电角度，分布在定子铁心；同相绕组间是“尾接头”，即所有线圈组电流方向是一致的。

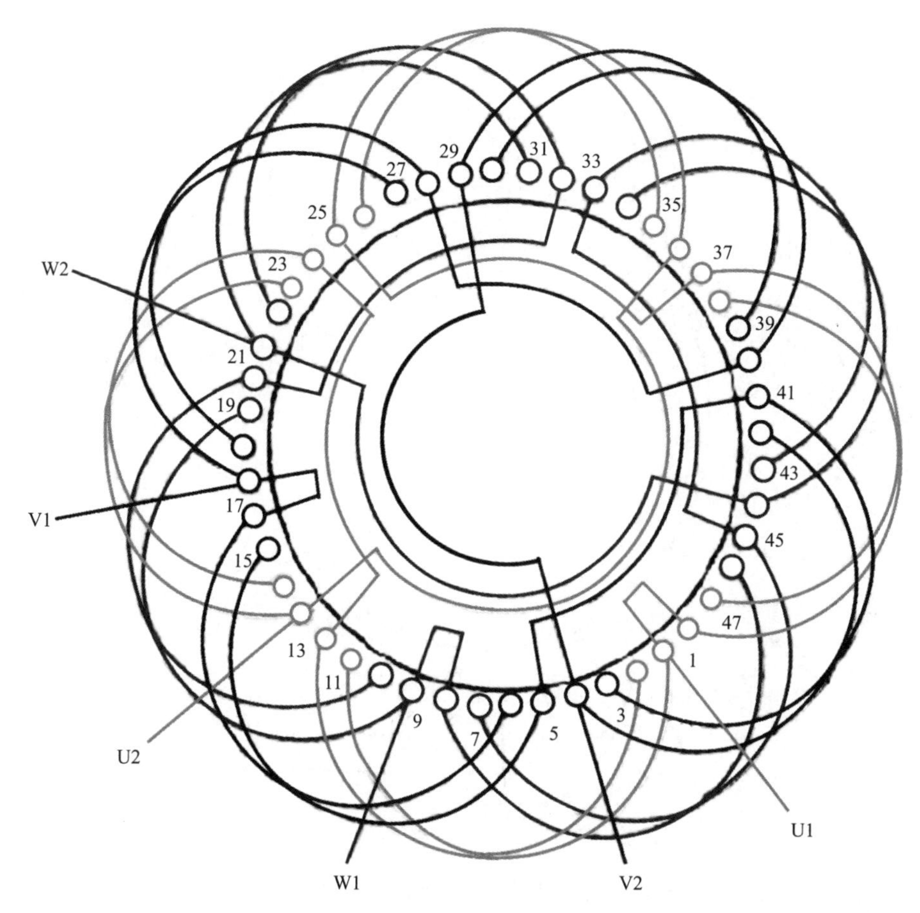

图 4-84 JO2L-71 电动机转子绕组

（六）故障现象：奥克斯空调风机失控，无法进行风速调节

万用表检测：在上电待机状态下，用手转动内风机，同时用万用表的电压挡检测风机霍尔电压检测点应有输出电压，如测得无电压，则说明内风机霍尔元件损坏。采用 EW732 双极锁存霍尔传感器更换即可排除故障。

检测后记：该机风机霍尔元器件电压检测点如图 4-86 所示。

（七）故障现象：东菱 YDM-30T-4A 型永磁直流面包机电动机不转

万用表检测：首先用万用表 $R\times10$ 挡测量电动机副绕组（红、白线）的电阻为 282Ω，主绕组（黑、白线）的电阻为无穷大，说明电动机的主绕组已经断路，进一步用万用表 $R\times1$ 挡测定子绕组黑线连接的温度熔丝（10A）的电阻为无穷大，说明温度熔丝已经烧断。换上新的同规格温度熔丝后，重新装回电动机，通电试机，工作一切正常，故障排除。

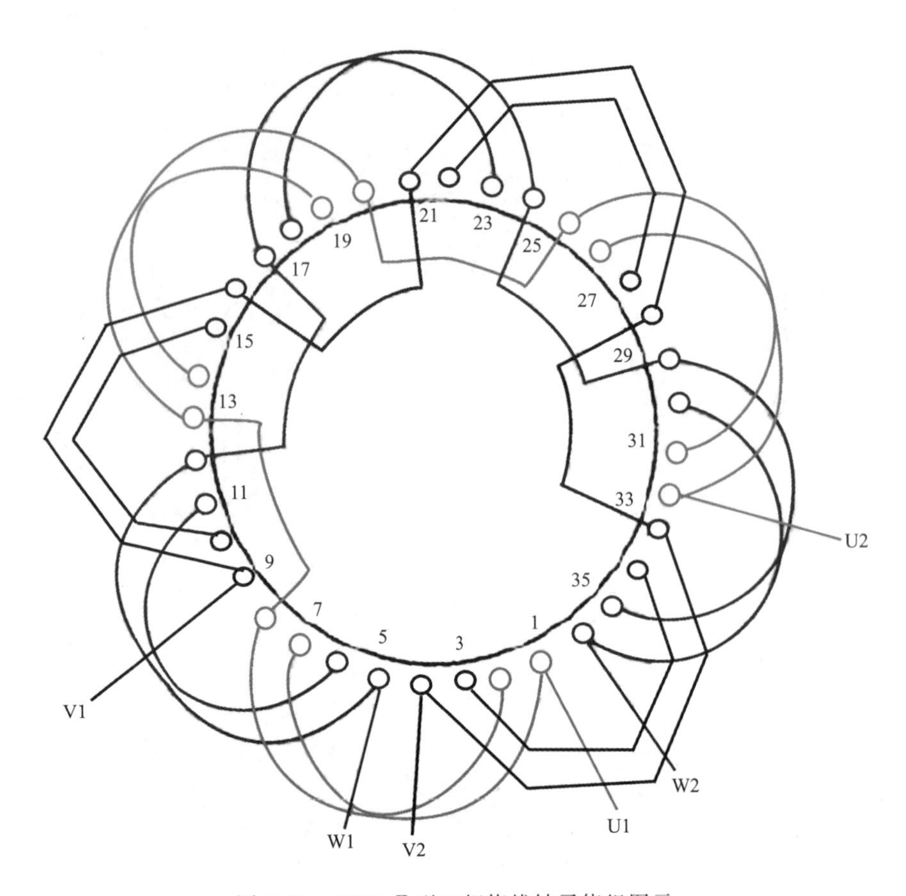

图 4-85　JZR2-Ⅱ型三相绕线转子绕组图示

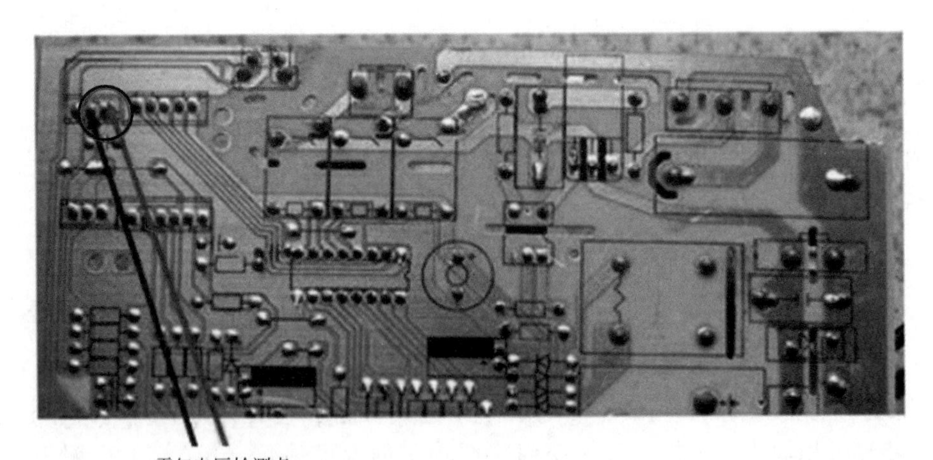

图 4-86　奥克斯空调内风机霍尔元器件电压检测点

检测后记：该面包机搅拌电动机实物及电路简图如图 4-87 所示。

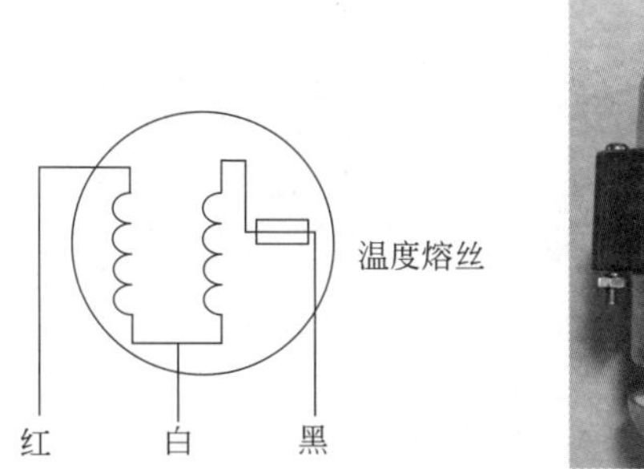

图 4-87 东菱 DL-888 型面包机搅拌电动机实物及电路简图

（八）故障现象：飞利浦 6030DJH 型豆浆机电动机不转

万用表检测：该故障应重点检查电脑板是否正常，温度熔丝是否正常，首先用万用表检测电动机两侧的碳刷与引线，结果发现有一条不通，再测温度熔丝已断路。更换新的同规格温度熔丝后，试机电动机工作正常，故障排除。

检测后记：6030DJH 电动机实物如图 4-88 所示。

图 4-88 6030DJH 电动机实物图

（九）故障现象：美的鹰牌吊扇单相电容运行电动机不转

万用表检测：该故障应用万用表检测 CBB61 启动电容（300V AC/50V/60Hz），如表笔始终无指示，说明启动电容断路，换新启动电容即可排除故障。

检测后记：该机启动电容如图 4-89 所示。

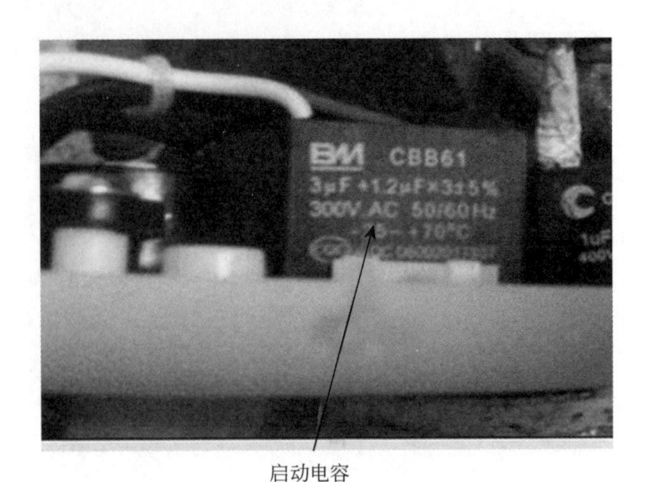

图 4-89　CBB61 启动电容

（十）故障现象：山西产 C02-90L～21.5HP 型木工电刨床电动机开机发出“嗡嗡”响声，但不转

万用表检测：首先将倒顺开关置中间位置，卸下启动电容 C1，用万用表的 $R\times1k$ 挡测主绕组 U1～U2 阻值正常，副绕组 W1～W2 在电动机壳内和离心开关串联，阻值正常，用 $R\times100$ 挡测电容表针微动，说明电容容量不够。换 CD60 型 200 启动电容后，故障排除。

检测后记：此机是单相电容启动的异步电动机，电容和副绕组、离心开关串联后，再和主绕组并联接入电路，相关电路原理如图 4-90 所示。

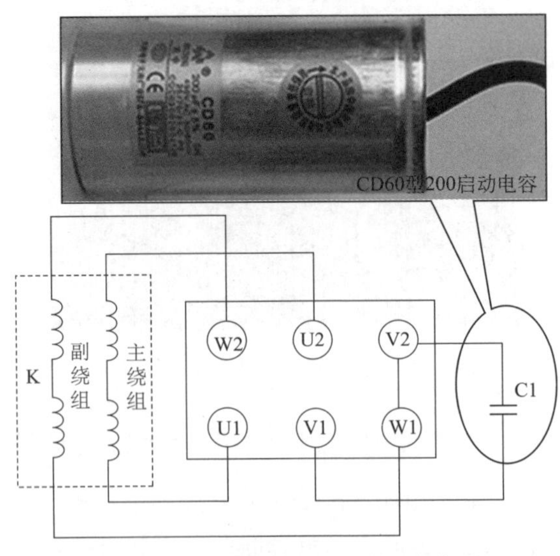

图 4-90　启动电容 C1 相关电路截图

（十一）故障现象：深圳产 E0-90L1-41.1kW 型木工刨床电动机，接通电源噪声大、有劲，几分钟后电动机高烧，电容发烫而后爆裂

万用表检测：该故障应重点检查启动电容是否正常，离心开关是否正常，用万用表测主绕组 U1-U2、副绕组 W1-W2 阻值正常，离心开关接柱 V1-V2 为零，怀疑离心开关没有分离，启动电容 C1 串入副绕组参与运行，导致电流过大引起电动机高烧。拆机检查发现离开开关触点粘连，更换离心开关及 150μF 启动电容后，故障排除。

检测后记：此机电路接线原理图如图 4-91 所示。离心锤安装在电动机轴上，它主要是通过电动机旋转的离心作用使离心开关的簧片由闭合状态变为断开状态，从而断开启动电容。

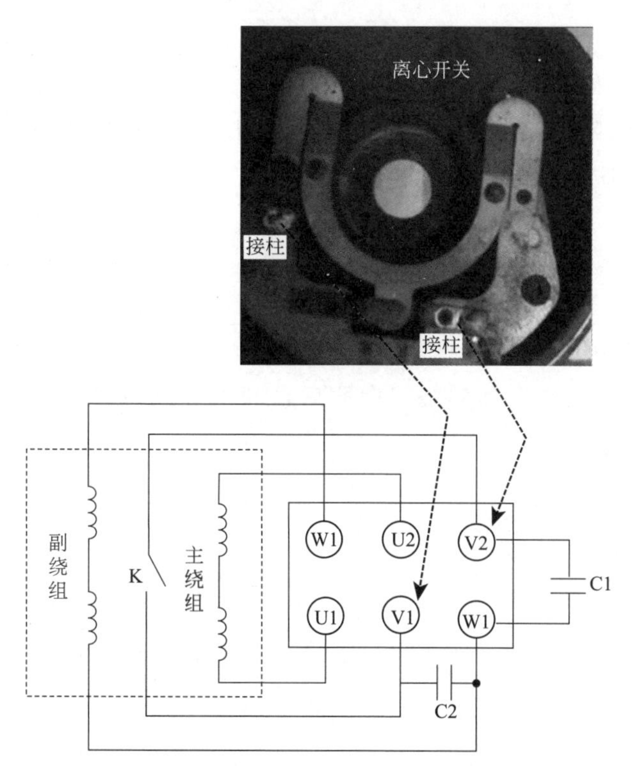

图 4-91 E0-90L1-41.1kW 木工刨床电动机接线图

（十二）故障现象：台达 VFD-M 系列变频器电动机操作面板有显示，但不能启动运转

万用表检测：该故障应重点检查 U、V、W 端子是否有输出电压。若无输出电压，则说明交流电动机驱动器故障；若有输出电压，则说明电动机连线有可能不良。实际中多因电动机驱动器故障较多见。换新电动机驱动器即可排除故障。

检测后记：相关电路维修资料如图 4-92 所示。需要注意的是，该故障还排查是否上限频率和设定频率低于最低输出频率。

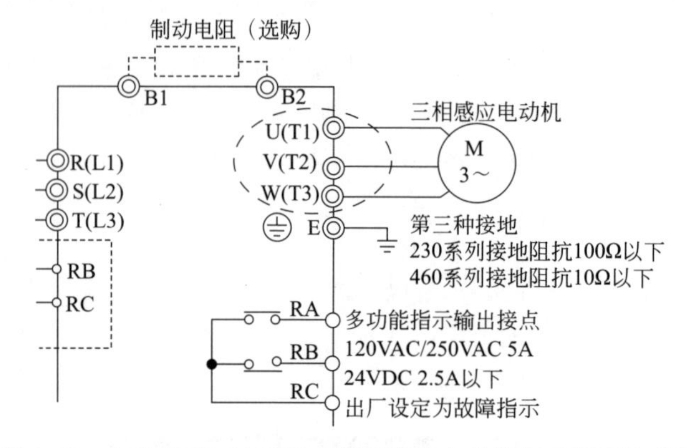

图 4-92 台达 VFD-M 系列变频器交流电动机驱动器配线截图

（十三）故障现象：武汉产 XXD-120 型单相电容运转式 4 极电动机，启动时发出“嗡嗡”声，不能启动

万用表检测：首先取下电容 C4，用万用表 $R\times1$k 挡测，发现电容已无充放电能力，用同样挡位再测电动机引出的三根线，红线和蓝线阻值为 27nΩ，黄线和蓝线阻值为 27nΩ，红线和黄线阻值为 54nΩ，说明主、副绕组良好。用 CBB60 型 10μF 电容代换试机，故障排除。

检测后记：该机电容和副绕组串联后再和主绕组并联接入电路，如图 4-93 所示。

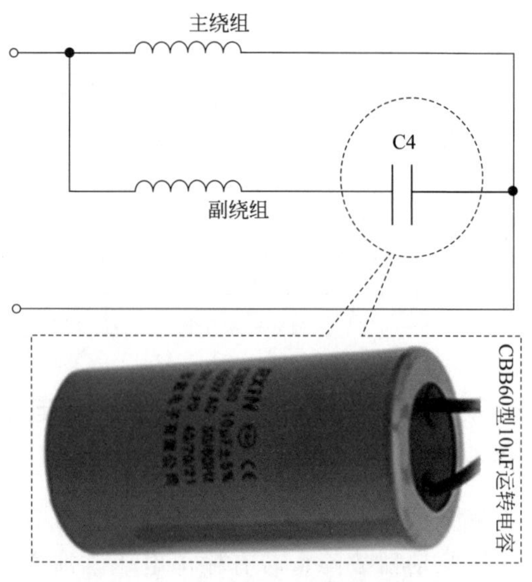

图 4-93 电容 C4 相关电路截图

（十四）故障现象：英威腾 GD300 系列变频器电动机不转，且“POWER”灯不亮，也无显示故障代码

万用表检测：该故障应重点用万用表检查“RST”的电压，如测得的电压正常，则说明变频器损坏，检修或更换同规格的变频器即可排除故障。

检测后记：相关电路资料如图 4-94 所示，供维修检测时参考。需要注意的是，检测该故障时还应排查输入侧空开、电磁接触器是否闭合。

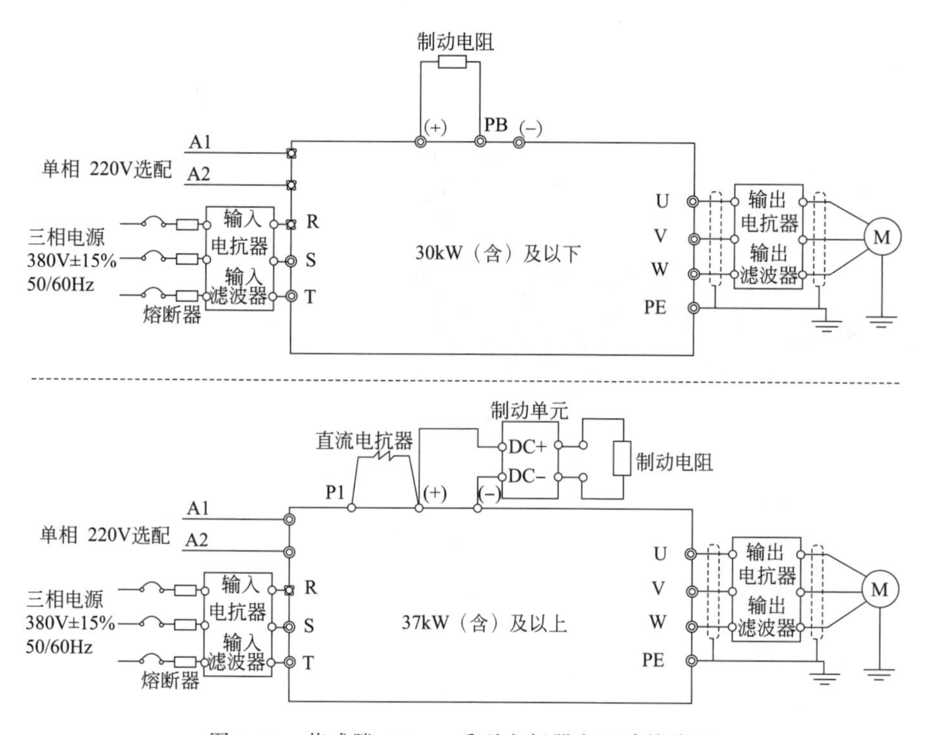

图 4-94　英威腾 GD300 系列变频器主回路接线图

（十五）故障现象：郑州产 Y90L-23kW 型饲料粉碎机电动机，接通电源空载运行正常，但加料就停机

万用表检测：该故障应取下 W2U1 和 U2V1 连接片，并从 W1 接线柱上卸开启动电容和运转电容的引线，用万用表欧姆挡检测 U1-U2 主绕组和 W1-W2 副绕组阻值是否正常，V1-V2 开关是否导通，启动电容 C1 和运转电容 C2 是否正常。经万用表实测为 C2 已无充电能力所致，采用 CBB60 型 40μF 运转电容代换后，故障排除。

检测后记：此电动机是电容启动电容运转异步电动机，启动电容和运转电容接线如图 4-95 所示。

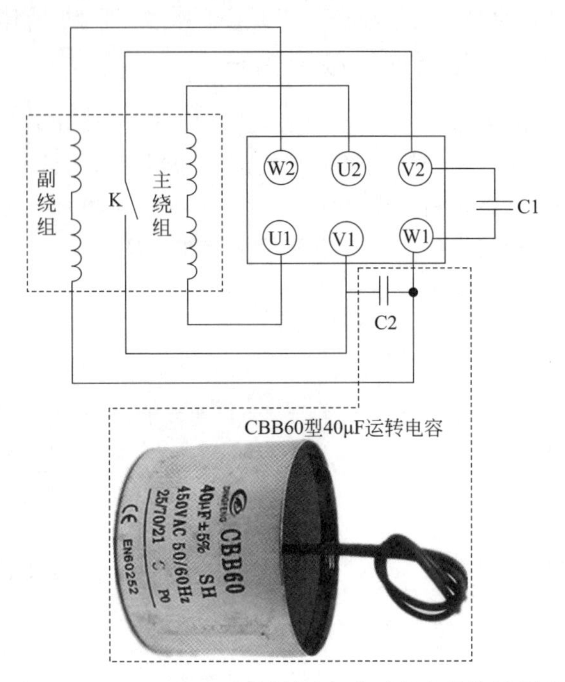

图 4-95 Y90L-23kW 饲料粉碎机电动机电路接线原理

课堂十一

万用表检测电力电器故障实训

（一）故障现象：10kV 断路器在用遥控操作合闸时，下发合闸指令返回指令合闸失败

万用表检测：该故障应重点检查二次控制电路部分，经万用表测 HQ 未发现异常，再检查储能回路也未发现异常，又检查闭锁回路，用万用表测试闭锁电磁铁线圈 Y1 开路。更换 Y1 后，故障排除。

检测后记：二次控制电路 Y1 相关电路截图如图 4-96 所示。值得指出的是，当闭锁电磁铁磁性减弱也会出现类似故障。

（二）故障现象：弘乐牌 TSD10kV · A 稳压器无稳压功能

万用表检测：该故障应重点检查稳压器的电动机、碳刷驱动电路，经万用表测得直流电源 V_{CC}处的电压 12V 正常，测位置开关 XK1 右端处电压为零，说明熔断电阻已断，进一步测量电动机绕组电阻接近为零。更换同型号同规格的电动机和熔断电阻后，通电试验稳压功能恢复正常。

检测后记：相关电路维修资料如图 4-97 所示。

（三）故障现象：某单位低压柜 DW15-630 断路器接二连三出现手动能合闸，电动合闸时吸合电磁铁动作，但马上烧熔断器

万用表检测：该故障应重点检查断路器的控制箱 DK-10 是否存在故障，经万用表实测为稳压管 DW1 击穿所致。换新 DW1 后，故障排除。

检测后记：DK-10 控制箱电路如图 4-98 所示（图中虚线内），它是一个定时器，其电源端即虚线框旁边标注有白（色线）和红（色线）的地方加上额定电压时，框内的电容降压、桥式整流电路、R1 与 C2 组成的滤波电路以及稳压管 DW1、DW2 进入工作状态，DW1 和 DW2 是两个 12V 的稳压管，工作时可在电容器 C2 两端得到 24V 稳定电压，作为控制箱电路的工作电源。

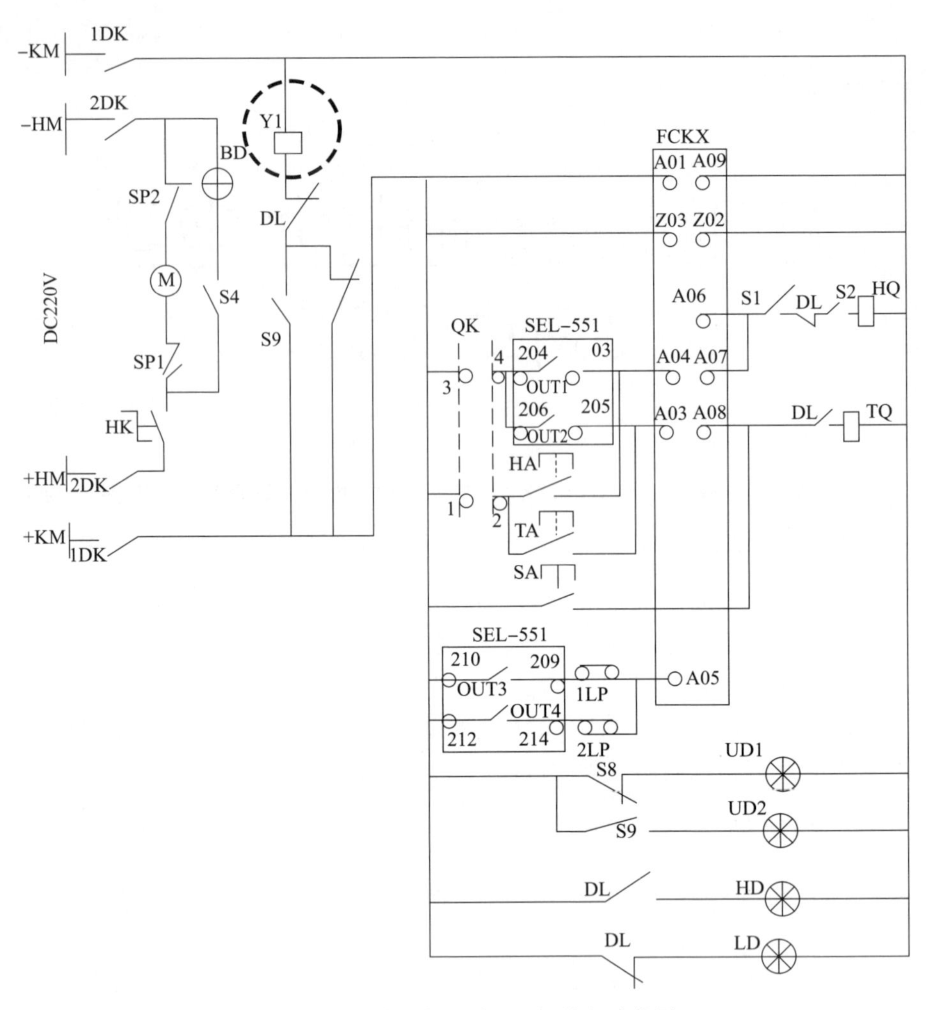

图 4-96 二次控制电路 Y1 相关电路截图

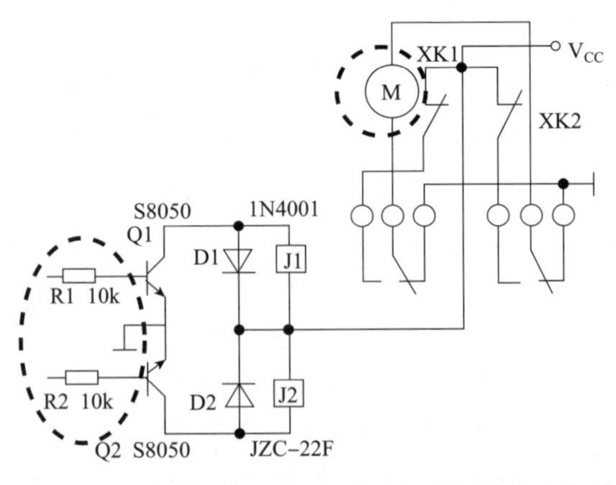

图 4-97 弘乐牌 TSD10kV • A 稳压器相关电路资料

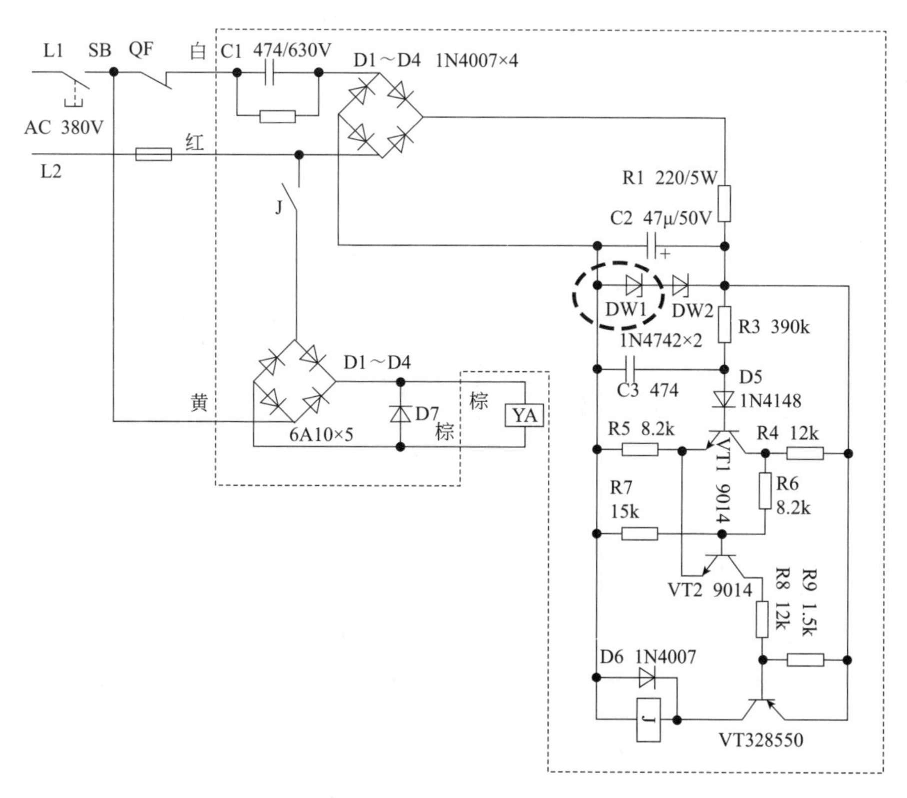

图 4-98 控制箱 DK-10 电路原理图

（四）故障现象：配电盘 BK-200VA 控制变压器屡损，不能使用

万用表检测：经万用表检测变压器输入端电压为 430V，而该控制变压器重新绕制时是按 380V 电压计算绕的线包，从而导致屡烧控制变压器的故障。重新按输入的实际电压绕制控制变压器线圈，即可排除故障。

检测后记：相关维修资料如图 4-99 所示。注意事项：如控制变压器设备离变电站近，当控制变压器线圈损坏后，应先检测输入的实际电压值，按实际电压绕制控制变压器。

（五）故障现象：三科牌 SVC-10kV · A 稳压器，接通电源时可听见碳刷正常往复动作的声音，但稳压器始终没有输出

万用表检测：该故障应重点检查出口继电器及相关电路是否存在故障，经万用表实测为热敏自动开关 RJ 的一条引线断线所致。将热敏开关的引线重新焊好，并将其安放在补偿变压器绕组的适当位置，故障排除。

检测后记：该机热敏开关 RJ 相关电路截图如图 4-100 所示。

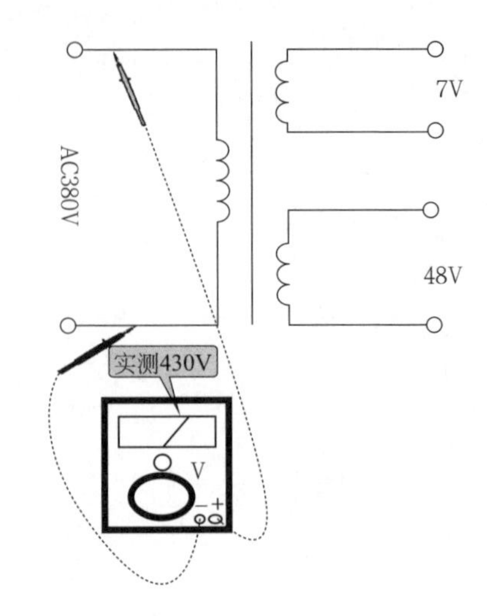

图 4-99 用万用表检测配电盘 BK-200VA 控制变压器输入端电压

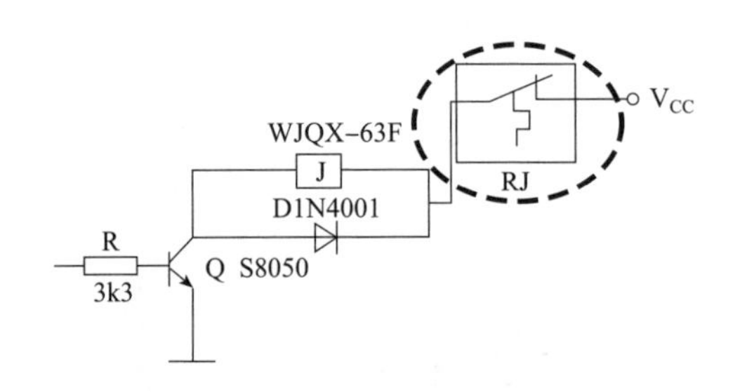

图 4-100 热敏开关 RJ 相关电路截图

（六）故障现象：一台 CJ10-20 型交流接触器，通电后没有反应，不能动作

万用表检测：接触器通电后不动作的原因主要有线圈断线、电源没有加上、机械部分卡死等。经万用表测得外电源供电正常，再检测接触器线圈引线两端无电压，进一步拆下电源引线，检查线圈电阻，如阻值为无限大，则说明线圈断线。需要重新绕制线圈，方可排除故障。

检测后记：CJ10-20 交流接触器线路的连接及内部结构原理图如图 4-101 所示，当吸引线圈通电后，吸引山字形动铁芯，而使动合（常开）触点闭合，电源接通，负载可通电运行。

（七）故障现象：一台 CJ10-20 型交流接触器通电后，线圈内时有火花冒出，伴随冒火现象，接触器跳动

万用表检测：有火花冒出，说明接触器线圈回路在接触器通电时有断路或短路现象，而接触器跳动，说明线圈通电过程中有间断现象。据此，问题应出在电

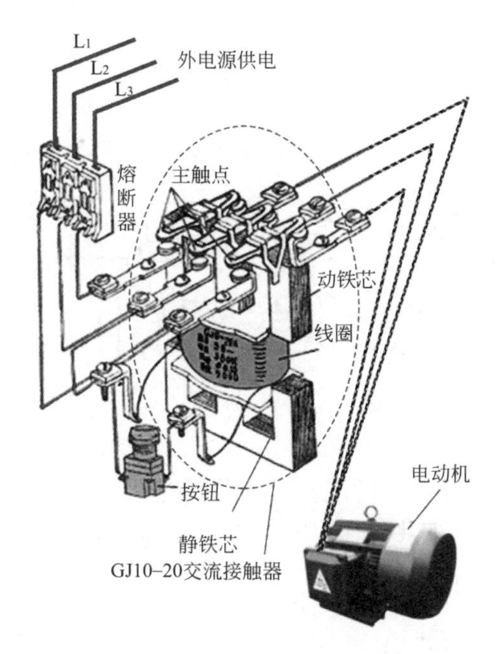

图 4-101 CJ10-20 交流接触器线路的连接及内部结构原理

气回路。经万用表检测线圈回路发现线圈引线与端头簧片之间已开路。取出线圈与卡簧，焊牢组装后通电试验，恢复正常。

检测后记：该例故障，原来只是由于引线本身的弹力，使断头仍与引线端头相连，在接触器动作时，受到振动才造成线圈回路时断时开，并在断头处产生火花。

（八）故障现象：一台内燃机起动器，通电后能工作，但输出电压只有 25V，达不到正常时的 36V 电压

万用表检测：这是一台晶闸管控制的直流电源，造成输出电压较低的原因主要有：外电源电压低；变压器故障；整流部分故障。经万用表测得检测变压器输入电压，除 U、V 相之间为 380V 外，其余相间均不正常，偏低较多。进一步检测接触器主触头，主触头均有不同程度的烧蚀现象，其中有一对触头已烧坏，通过检测发现不能接通。更换接触器后，故障排除。

检测后记：检修该例故障，应依据先易后难的原则进行诊断，如检测电源进线，三相之间和螺旋式熔断器后电源电压 380V 均正常，多数情况下，可以确定为接触器触头故障。

课堂十二

万用表检测电工线路故障实训

（一）故障现象：4线制可视对讲门铃按室外机叫门键，室内室外机通话正常，图像正常，但按室外机叫门键，室内机不响铃

万用表检测：该故障应重点应检查室内机的铃音电路部分。经查，电容C12上无容量，阻值无穷大，说明C12已开路，用同规格新的电容换上后故障排除。

检测后记：相关电路截图如图4-102所示。检修该故障，需要用到排除法。铃音电路的Q3、ZD1铃音集成电路（U18）及R14都是重点排查对象。

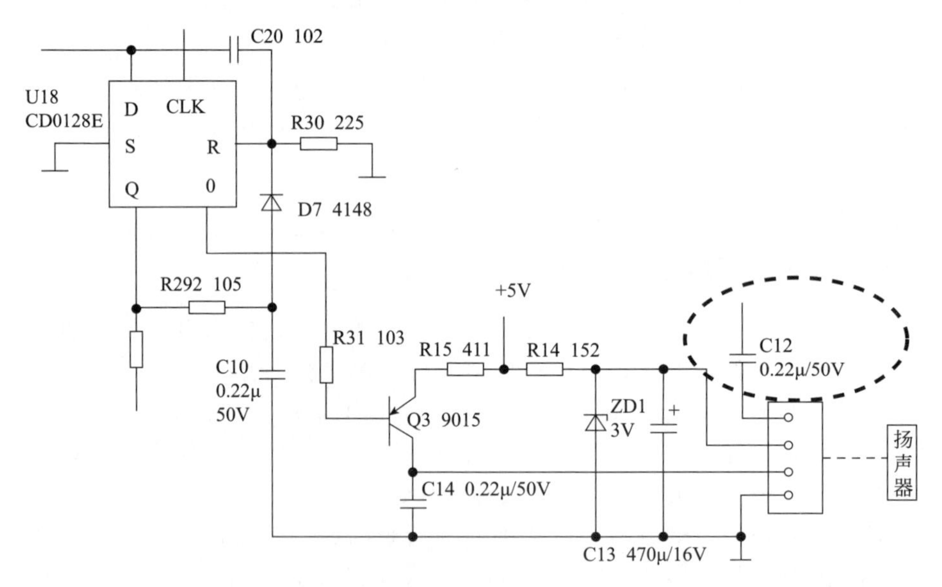

图4-102　室内机的铃音电路C12相关电路截图

（二）故障现象：GUK-82型路灯光控开关自动开关不工作

万用表检测：该故障应重点检查光控电路及相关部位。经万用表实测为光敏电阻R4不良（亮阻和暗阻不符合要求）所致。更换后，故障排除。

检测后记：该路灯光控工作原理图如图 4-103 所示。需要指出的是，当接触器 JC 损坏时，也会出现类似故障，可用一只 CJ20 型接触器代换。

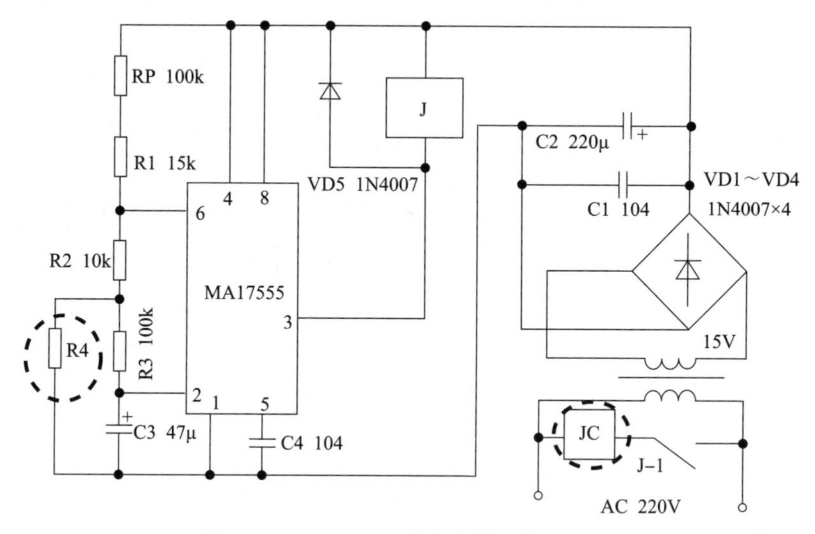

图 4-103　GUK-82 路灯光控工作原理图

（三）故障现象：HDL-3006C 型舞厅调光控制器通电灯管不调光

万用表检测：该故障应重点检测调光控制电路，开机，经万用表测得 A2 的 5 引脚有 12V 电压，与电源电压一样高，关机，焊下稳压管 D6 测其内部已开路。更换 D6 后，故障排除。

检测后记：该调光控制器电路原理如图 4-104 所示。

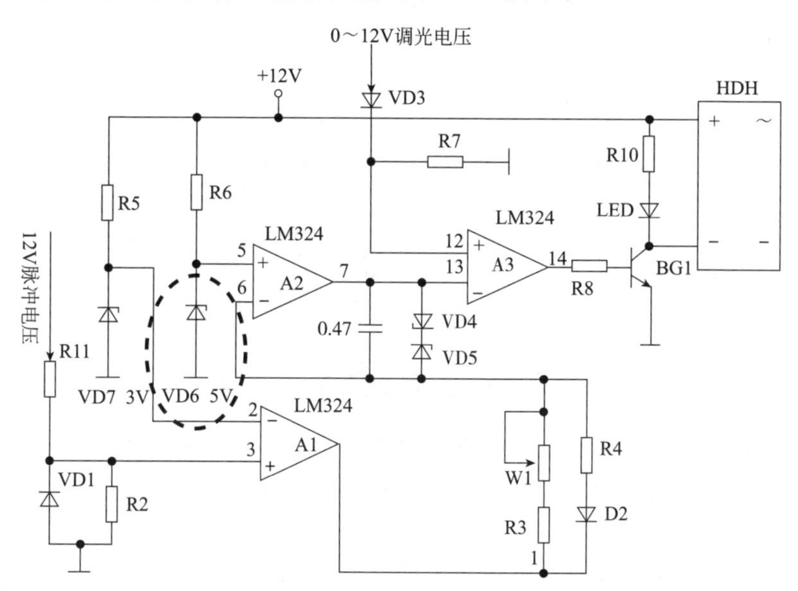

图 4-104　HDL-3006C 舞厅调光控制器电路截图

(四)故障现象：SGK-Ⅲ-1型声光控灯通电灯就亮，延时后灯灭一下又亮了，光控正常

万用表检测：该故障应重点检查声控电路R1、R2、C1、MIC（话筒）是否存在故障。经万用表实测为电阻R1开路所致，更换R1后，故障排除。

检测后记：该声光控灯相关电路资料如图4-105所示。

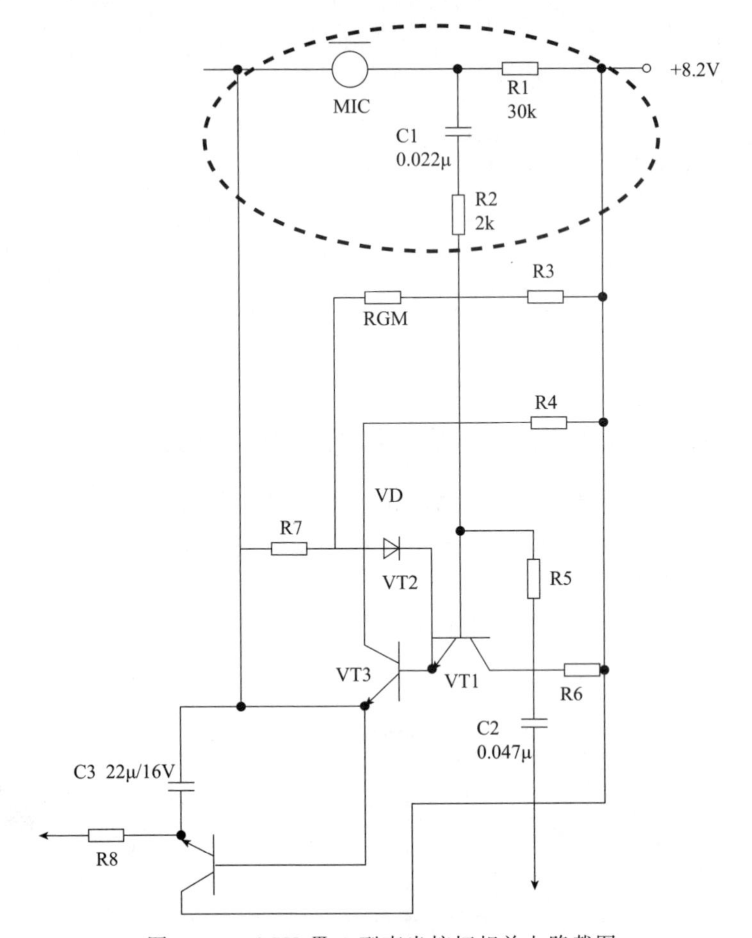

图4-105　SGK-Ⅲ-1型声光控灯相关电路截图

(五)故障现象：安泽视网络监控摄像头无图像

万用表检测：该故障应重点检查散热风扇是否损坏，从而引起的过电流保护。经万用表实测为散热风扇电动机绕组开路所致。换同规格散热风扇，即可排除故障。

检测后记：该监控摄像头散热风扇规格为12V/0.08A，如图4-106所示。

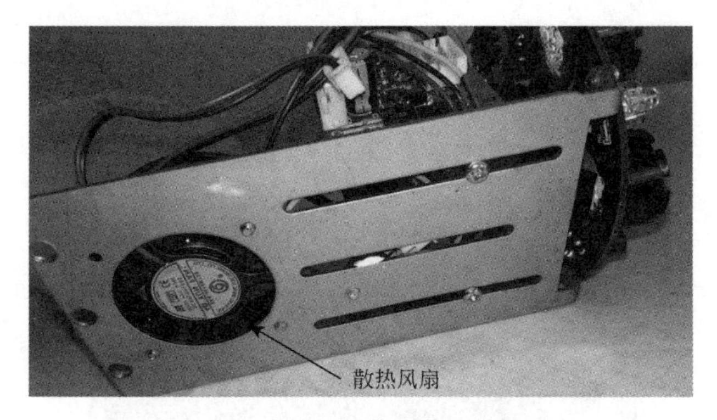

图 4-106　安泽视网络摄像头散热风扇

（六）故障现象：大华 DH-CA-FW17-IR3 型红外线监控摄像头被雷击后无图像

万用表检测：该故障应重点检查熔丝及防反接二极管是否正常。经万用表实测为防反接二极管击穿短路所致。更换损坏的元器件后故障排除。

检测后记：相关维修资料如图 4-107 所示。检修该故障应注意熔丝上面有时虽然导通，但下面因大电流长期短路造成虚焊。故检测时不要只单独检测熔丝，应用万用表检测+12V 位置到熔丝是否导通，以免造成误判，如图 4-108 所示。

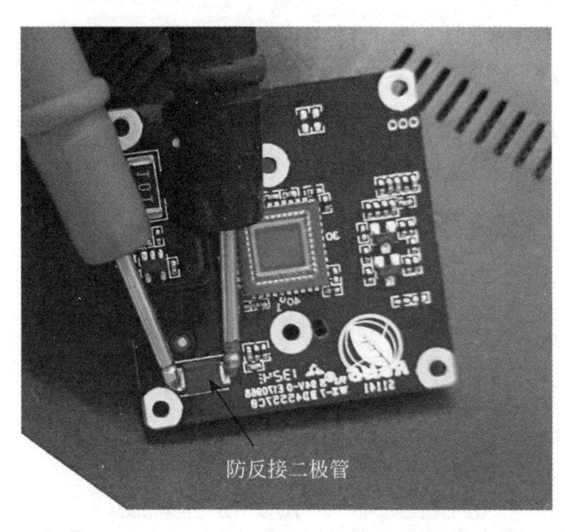

图 4-107　大华 DH-CA-FW17-IR3 红外线监控摄像头防反接二极管

（七）故障现象：夫夷微一路触摸开关通电后按开关面板无反应，不能开关灯具

万用表检测：该故障有可能是由于过载、短路引起灯不亮，应重点检查熔丝是否烧断，触摸开关是否正常，经万用表实测为触摸开关烧坏所致。换新的同规

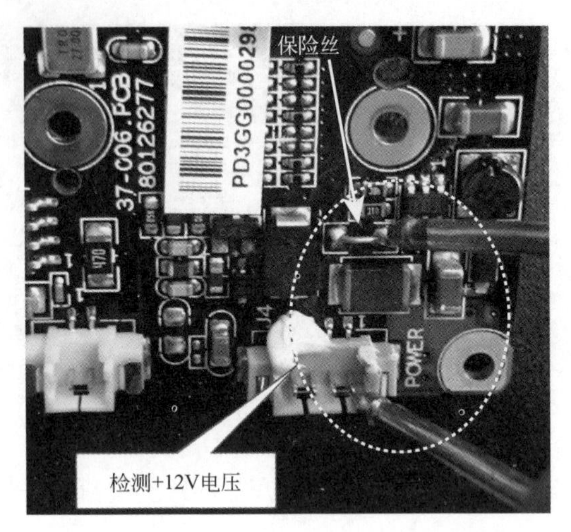

图 4-108 检测+12V 电压

格的触摸开关后，故障排除。

检测后记：该触摸开关接线图如图 4-109 所示。检测前必须先切断电源，以保证人身安全。

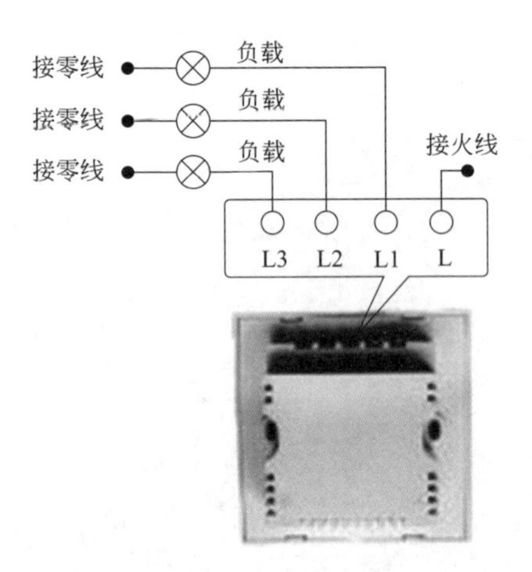

图 4-109 夫夷微一路触摸开关接线图

（八）故障现象：金积嘉 JS-V806R2 型四线制可视对讲门铃呼叫无铃声

万用表检测：该故障应重点检查室内机与室外机连接线是否松脱、开路，“叮咚”音量电位器是否关死，经万用表实测为连接线开路所致。重新连接好连接线，即可排除故障。

检测后记：该机一对一接线图如图 4-110 所示。

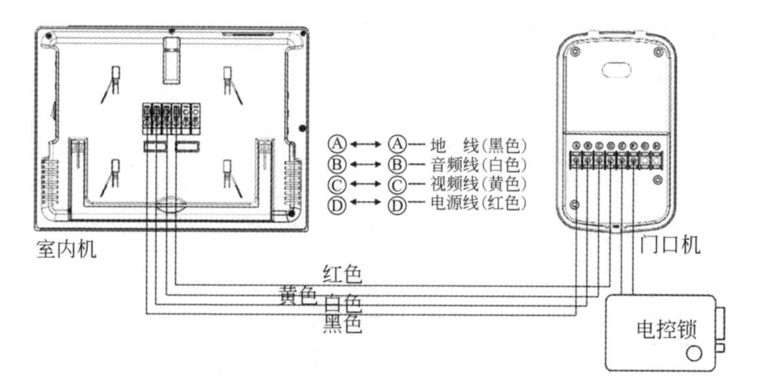

图 4-110 金积嘉 JS-V806R2 四线制可视对讲门铃一对一接线图

（九）故障现象：某品牌门铃当来客按楼下主机呼叫 603 室按钮时，603 室内的人能听到振铃声，摘下话机，听不到来客讲话，也不能对讲

万用表检测：根据故障现象室内人能听到振铃声，说明主机正常，故障应为室内机，重点检查室内机 R 端至听筒这一路的元器件。经查，叉簧开关 1～2 引脚通，4～5 引脚通，而 1～3 引脚与 4～6 引脚却不通，这说明该开关已坏。从旧电话机上拆来一只换上，故障排除。

检测后记：相关电路资料如图 4-111 所示。需要指出的是，该机叉簧开关正常情况下，挂机时 1～2 引脚通，4～5 引脚通；摘机后 1～3 引脚通，4～6 引脚通。

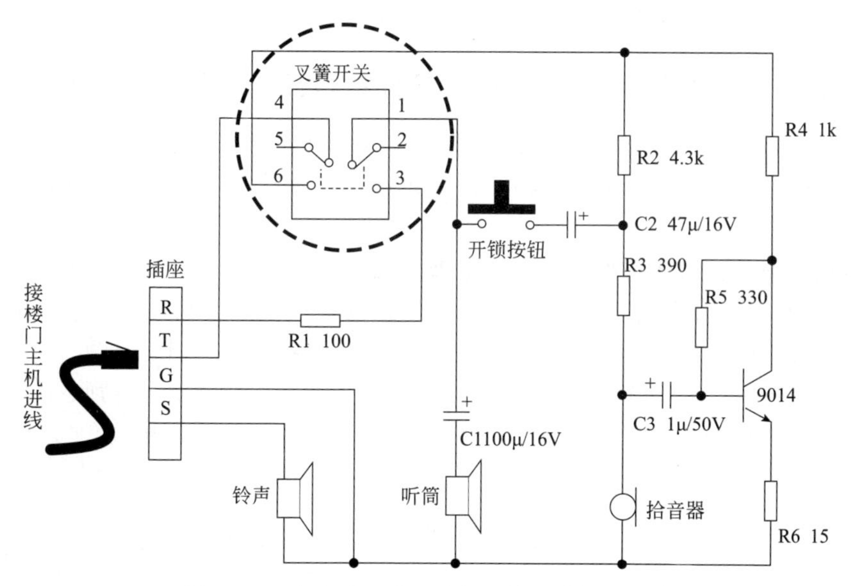

图 4-111 某品牌门铃室内机叉簧开关相关电路

（十）故障现象：欧普 OP-Y224X2D 型电子镇流器通电无反应，两只灯管均不亮

万用表检测：该故障应重点检查电感 L1、L2，实测其直流电阻不足 1Ω，用 ET521B 示波表测其电感值，实测为 26.7～27.2μH（正常电感量为 29.7～30.0μH）。由于手头无电感，于是用两只阻抗为 33Q、1/2W 的电阻代换后通电，两只灯管均能点亮，故障排除。

检测后记：欧普 OP-Y224X2D 电子镇流器电路原理图如图 4-112 所示。值得指出的是，电感 L1、L2 为三极管 Q1 、Q2 基极提供电压，同时又具有限流作用。变质后改变了三极管 Q1、Q2 基极的电位差，使管子不能正常地导通，正电位与负电位不能形成回路，所以灯就不会变亮。

（十一）故障现象：欧普 OP-YZ40D 型环形吸顶灯时亮时灭

万用表检测：该故障可能是因电路不起振导致，应重点检查贴片二极管 D14，经万用表测得 D12 正反电阻无穷大导致 Q1 停振，采用贴片二极管 1N4007 代换后，上电后灯管即亮，故障排除。

检测后记：该吸顶灯电路原理如图 4-113 所示。值得指出的是，欧普 OP-YZ40D 型镇流器预热型电路图为贴片电阻 D14，普通型对应的是贴片电阻 D12。造成时亮时灭故障的原因是 D14 不良上电时正向不导通，但是掉电后又恢复正向导通，电路不起振所以灯管不亮。这类的软故障比较隐蔽，容易使维修陷入误区。

（十二）故障现象：四状态照明灯控制器工作时周边灯始终不亮

万用表检测：该故障应重点检查 K2 是否有吸合声、电阻 R2（18kΩ）是否正常。用万用表检查发现 K2 不动作，进一步检测发现电阻 R2 虚焊。重新补焊 R2 后，故障排除。

检测后记：该照明灯控制器工作原理图如图 4-114 所示。CD4013 是双 D 触发器，是由两个相同的、相互独立的数据型触发器构成。每个触发器有独立的数据、置位、复位、时钟输入 Q 及 $\overline{Q}$ 输出。此器件可用作移位寄存器，且通过将 Q 输出连接到数据输入，可用作计数器和触发器。在时钟上升沿触发时，加在 D 输入端的逻辑电平传送到 Q 输出端。置位和复位与时钟无关，而分别由置位或复位线上的高电平完成。

（十三）故障现象：天津产 TISC-1204H 型荧光灯不亮

万用表检测：该故障应重点检查启动电路是否正常，具体用万用表 $R\times10$k 挡黑笔接地，红笔测 C6 对地阻值是否正常（正常约为 330kΩ），如测得的阻值异常，则说明 C6 不良，更换 C6 后，故障排除。

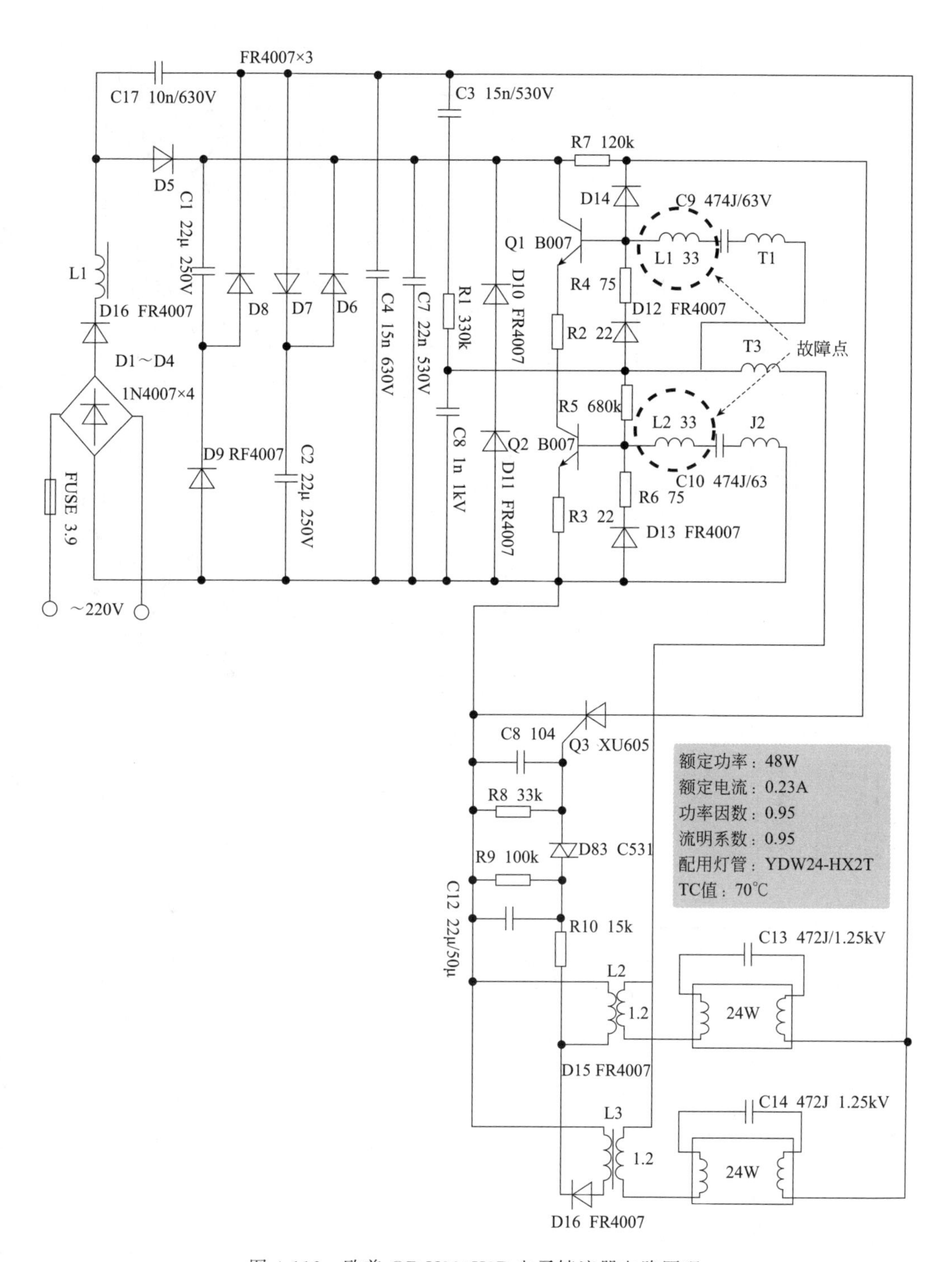

图 4-112　欧普 OP-Y224X2D 电子镇流器电路原理

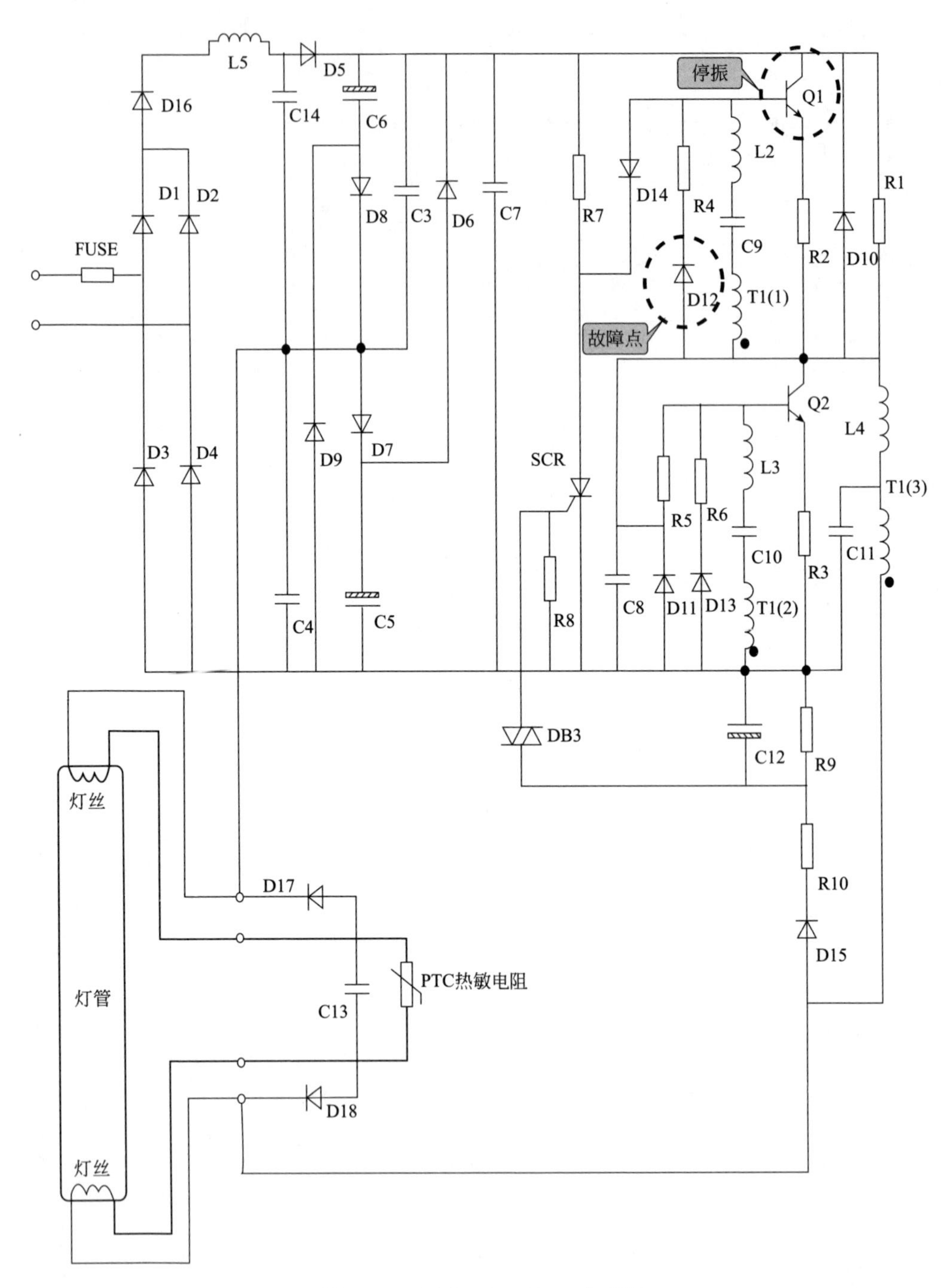

图 4-113 欧普 OP-YZ40D 原理图

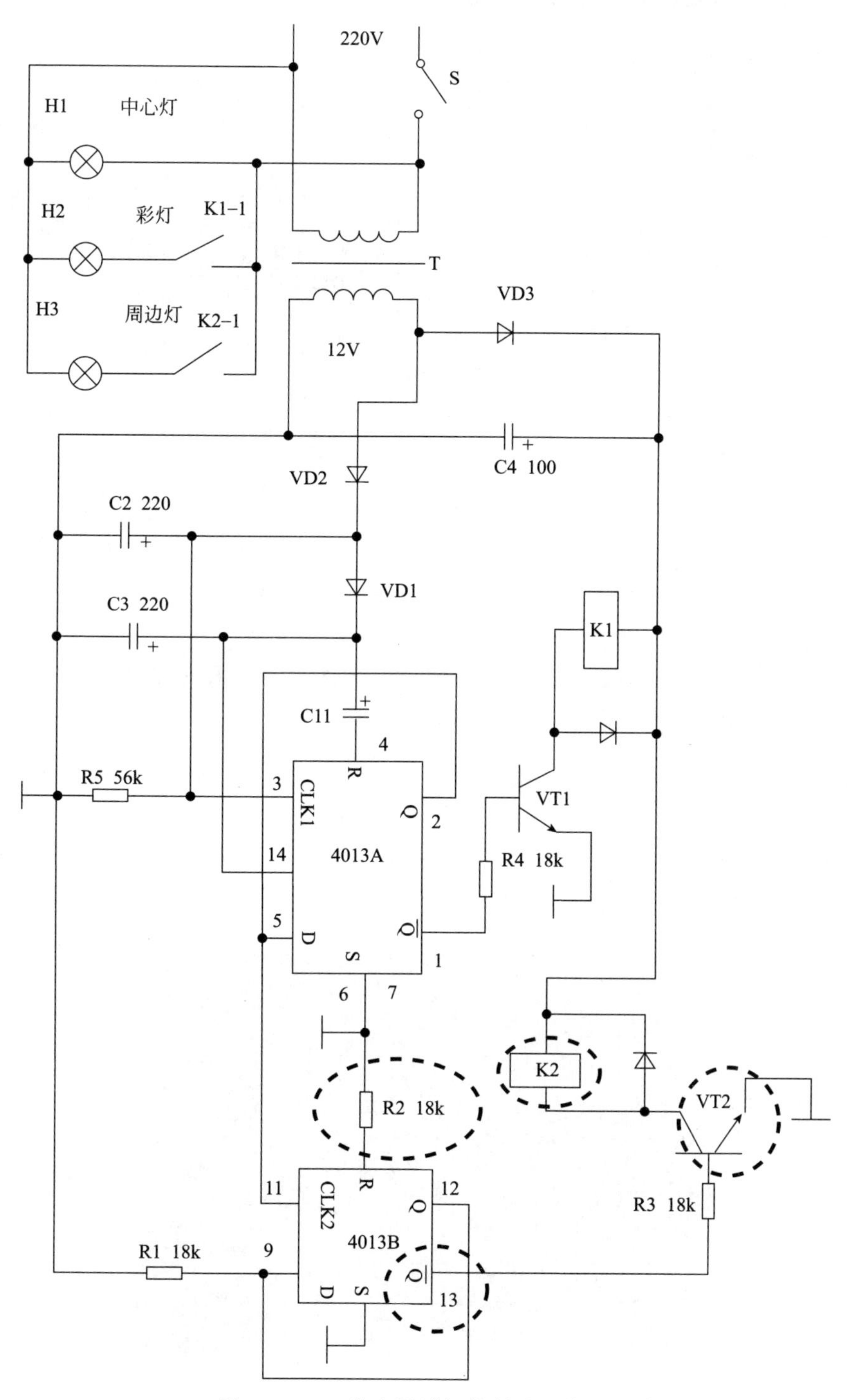

图 4-114 四状态照明灯控制器工作原理

检测后记：该荧光灯电路原理图如图 4-115 所示。

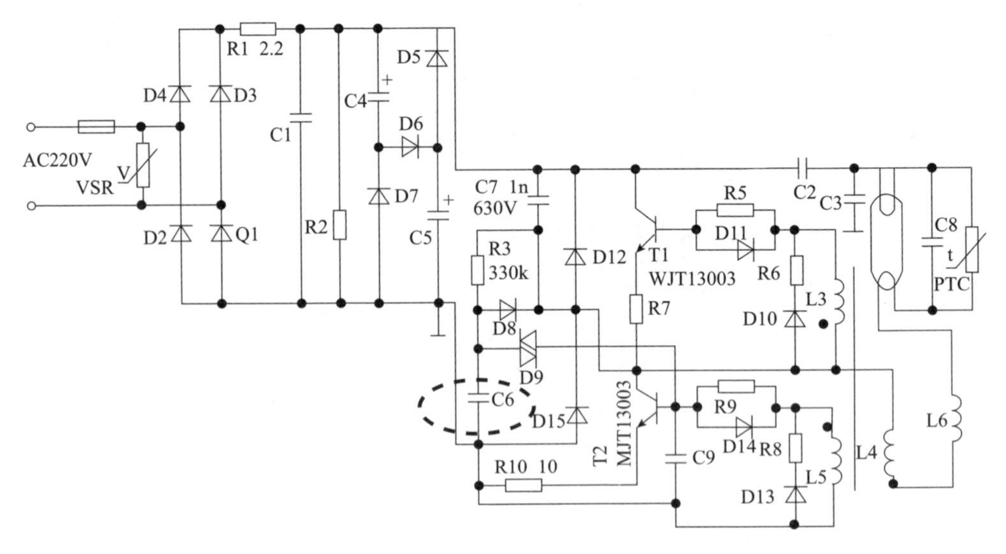

图 4-115　TISC-1204H 型荧光灯电路原理图

（十四）故障现象：星宇 FM980A 型楼宇对讲机楼下按上去“嘀-嘀”响两声就挂断了，家里分机不响

万用表检测：该故障应重点检查室内机的叉簧开关是否正常，经万用表实测为叉簧开关损坏所致，换新同规格叉簧开关后，故障排除。

检测后记：相关维修资料如图 4-116 所示。需要注意的是，在拆除叉簧开关盖时，要小心谨慎，以免损坏盖上的卡扣。

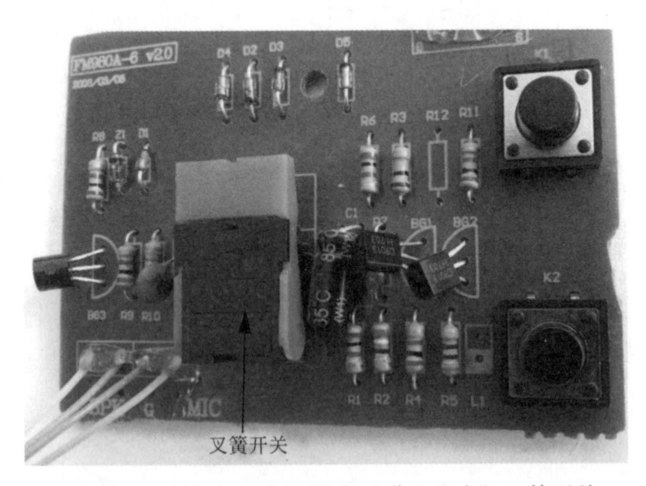

图 4-116　星宇 FM980A 楼宇对讲机室内机叉簧开关

（十五）故障现象：振威楼宇对齐系统来客按可以正常对话，但楼上按开门按钮，只听见话筒嘟一声，楼下电子锁并没有动作开门

万用表检测：该故障应重点检查磁控锁线（CON3 插接件）是否正常。经万用表实测为黑色 LOCK＋开门线破损短路所致。重新更换 LOCK＋开门线，并接好后，故障排除。

检测后记：相关电路资料如图 4-117 所示。需要注意的是，磁控锁线包在铁门的管子里面，LOCK＋开门线又为黑色，破损接触到铁门，用万用表检测时容易造成误判。

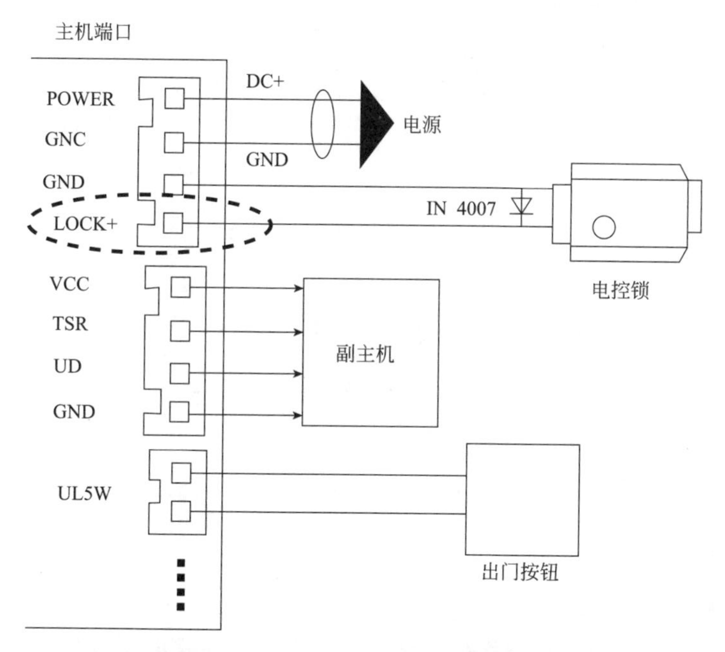

图 4-117 磁控锁线电路资料

（十六）故障现象：珠安 ZA-988 型楼宇对讲系统不能开锁

万用表检测：该故障应首先确定是全部分机都不能开锁，还是部分分机不能开锁；若是全部分机不能开锁，则应检查开锁线或电控锁；若是部分分机不能开锁，则应检查该部分分机是否安装正常，分机上开锁按钮是否正常。经万用表实测为开锁线不良所致，重新接好或更换开锁线即可排除故障。

检测后记：该机为非可视内置解码系统，接线图如图 4-118 所示。该故障同样适用于珠安 ZA-986 非可视楼宇对讲系统。

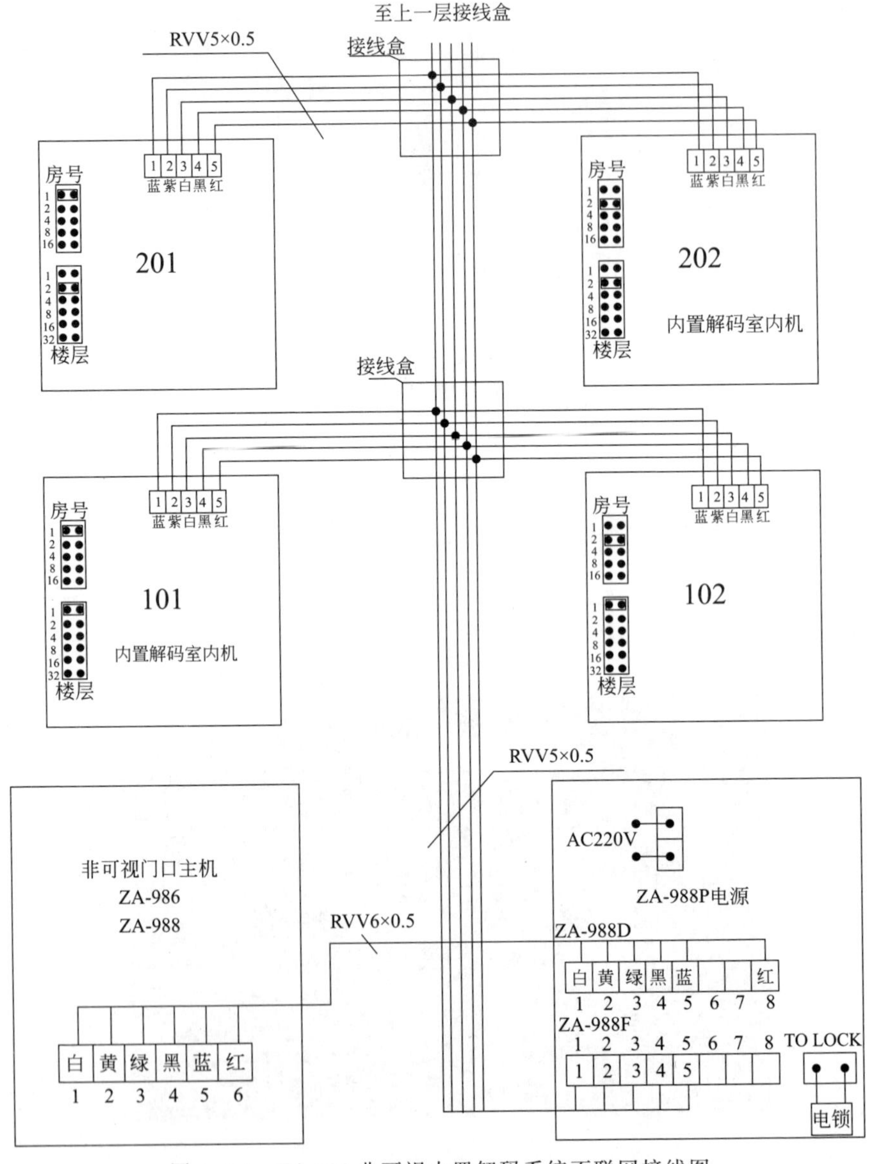

图 4-118　ZA-988 非可视内置解码系统不联网接线图